普通高等教育"十三五"规划教材
数字媒体系列规划教材

计算机三维设计实用案例教程（3ds MAX 2018）（微课版）

张　元　周忠成　编著

U0218224

电子工业出版社.

Publishing House of Electronics Industry

北京·BEIJING

内 容 简 介

本书关注技术与艺术的融合，兼具理论与实用性。全书共9章，包括：计算机三维设计概述，3ds MAX 2018基本操作及基本对象的创建，基本的修改命令，使用二维图形建立三维模型，复合对象与多边形建模，材质与贴图，灯光与摄影机，动画设计，渲染、环境和效果。通过本书的学习，读者可以由浅入深、循序渐进地掌握计算机三维动画的创作与制作过程，并能够举一反三，独立地完成效果图、影视广告、动画片头等制作任务。

本书可以作为高等院校动画、数字媒体技术、数字媒体艺术、广告设计、计算机辅助设计等专业的教材，也可作为培训机构的培训教材或相关爱好者的自学参考书。

未经许可，不得以任何方式复制或抄袭本书之部分或全部内容。

版权所有，侵权必究。

图书在版编目（CIP）数据

计算机三维设计实用案例教程：3ds MAX 2018：微课版 / 张元，周忠成编著 . —北京：电子工业出版社，2019.3
ISBN 978-7-121-35881-4

I. ①计… Ⅱ. ①张… ②周… Ⅲ. ①三维动画软件—高等学校—教材 Ⅳ. ① TP391.414

中国版本图书馆 CIP 数据核字（2019）第 004282 号

策划编辑：戴晨辰
责任编辑：戴晨辰
印　　刷：天津千鹤文化传播有限公司
装　　订：天津千鹤文化传播有限公司
出版发行：电子工业出版社
　　　　　北京市海淀区万寿路 173 信箱　邮编：100036
开　　本：787×1 092　1/16　印张：14　字数：386 千字
版　　次：2019 年 3 月第 1 版
印　　次：2023 年 1 月第 9 次印刷
定　　价：69.00 元

前言

目前，计算机三维动画广泛应用于影视媒体、广告设计、机械设计、建筑设计、虚拟现实和游戏设计等领域。本书旨在讲授计算机三维动画设计软件 3ds MAX 2018 的主要功能和操作技巧。由于计算机三维动画设计兼具技术性和艺术性，因此本书在编写过程中关注培养读者实际操作能力的同时，更加关注读者艺术审美能力的培养。

全书共 9 章，包括：计算机三维设计概述，3ds MAX 2018 基本操作及基本对象的创建，基本的修改命令，使用二维图形建立三维模型，复合对象与多边形建模，材质与贴图，灯光与摄影机，动画设计，渲染、环境和效果。书中的设计作品是作者多年实践的积累与总结，每一章针对教学环节都设置了丰富的案例（除第 1 章外），且分阶段给出了主要的制作步骤、操作说明、对应的效果图或参数设置界面等。

本书包含丰富的教学资源，包括教学课件、案例素材（每个案例都配有前期素材、配套贴图、完成图等，并尽可能满足 3ds MAX 2018 及低版本软件的使用需要）、教学视频等。由于篇幅和课时所限，对于一些拓展学习资源，本书还准备了配套的拓展学习文档及视频资源。读者可以扫描封底二维码或登录华信教育资源网（www.hxedu.com.cn）免费下载。

本书由浙江传媒学院新媒体学院张元副教授和周忠成教授共同编著。特别感谢浙江传媒学院新媒体学院潘瑞芳教授、王忠教授、俞定国教授、秦爱红教授、张帆老师对本书给予的支持与帮助，感谢在作者工作室协助录制教学视频的肖潇、李赐恩、卓文玲、袁烨、李铭豪同学，还要感谢张英老师、马同庆老师，以及学院的各位领导和同事在工作中给予的指导与帮助。感谢本书编辑戴晨辰，她为本书的编辑出版耗费了大量心血，使得本书可以顺利出版。由于时间仓促，加之作者编写水平有限，如有不妥或错误之处，恳请广大读者批评指正，我们将在重印时进行修订、完善。作者邮箱：386318491@qq.com，教学 QQ 群：956767222。

作 者

目 录

CHAPTER 01
计算机三维设计概述

1.1 计算机三维动画的概念及特点 / 1
　1.1.1 传统动画与计算机三维动画 / 1
　1.1.2 计算机三维动画的应用领域 / 2
　1.1.3 常用的计算机三维动画软件 / 3
1.2 3ds MAX 2018 新增功能概览 / 5
　1.2.1 建模方面 / 5
　1.2.2 渲染与着色方面 / 6
　1.2.3 摄影机方面 / 6
　1.2.4 其他 / 6
1.3 3ds MAX 2018 简介 / 7
　1.3.1 界面概述 / 7
　1.3.2 菜单命令 / 9
　1.3.3 命令面板 / 9
1.4 3ds MAX 2018 界面定制与操作 / 10
　1.4.1 常用视图类型 / 10
　1.4.2 视图设置 / 10
　1.4.3 视口标签 / 11
　1.4.4 视口操作方法 / 12
　1.4.5 创建自定义用户界面 / 13
1.5 场景文件管理 / 13
　1.5.1 文件的打开和保存 / 13
　1.5.2 文件的导入和导出 / 13
　1.5.3 文件的合并和替换 / 14
1.6 思考与练习 / 15

CHAPTER 02
3ds MAX 2018 基本操作及基本对象的创建

2.1 对象的基本操作 / 16

2.1.1 对象的选择和管理 / 16
　2.1.2 对象的属性、坐标系统、变换中心和轴约束 / 19
　2.1.3 对象的变换及其他操作 / 21
2.2 基本对象的创建 / 24
　2.2.1 标准基本体 / 24
　2.2.2 扩展基本体 / 29
　2.2.3 其他模型标准件 / 35
2.3 制作桌椅 / 37
　2.3.1 冻结对象 / 37
　2.3.2 创建椅子 / 37
　2.3.3 创建桌子 / 39
　2.3.4 解冻并保存 / 40
2.4 软管与圆管的连接 / 40
2.5 思考与练习 / 41

CHAPTER 03
基本的修改命令

3.1 修改命令概述 / 42
　3.1.1 修改命令面板 / 42
　3.1.2 常用的修改命令 / 43
3.2 制作茶几 / 45
　3.2.1 制作茶几腿 / 45
　3.2.2 复制茶几腿 / 46
3.3 制作台灯 / 47
　3.3.1 制作灯座 / 47
　3.3.2 制作灯罩等 / 48
3.4 制作沙发 / 49
　3.4.1 制作沙发垫板 / 49
　3.4.2 制作沙发垫 / 50
3.5 制作摩天大楼 / 51
　3.5.1 创建摩天大楼对象 / 51

3.5.2 添加窗棂 / 52
3.5.3 创建金属外壳 / 53
3.5.4 建筑物应用材质 / 54
3.6 思考与练习 / 56

CHAPTER 04
使用二维图形建立三维模型

4.1 二维图形简介 / 57
4.1.1 二维样条线 / 57
4.1.2 NURBS 曲线和扩展样条线 / 63
4.2 二维图形的创建与修改 / 64
4.2.1 创建复合二维图形 / 64
4.2.2 二维图形的修改 / 64
4.3 制作花瓶与酒杯 / 66
4.4 制作书柜 / 68
4.4.1 用标准基本体制作四周挡板 / 68
4.4.2 编辑、绘制柜门的样条线 / 69
4.4.3 制作门板 / 71
4.4.4 书柜的材质 / 72
4.5 制作一盘水果 / 73
4.5.1 制作模型 / 73
4.5.2 添加材质 / 75
4.6 制作桅灯 / 78
4.6.1 制作主体部分 / 78
4.6.2 制作铁丝部分 / 80
4.6.3 制作支架部分 / 81
4.7 思考与练习 / 82

CHAPTER 05
复合对象与多边形建模

5.1 复合对象与多边形物体 / 83
5.1.1 复合对象 / 83
5.1.2 面片建模 / 84
5.1.3 多边形建模 / 85
5.2 制作导弹 / 86
5.3 制作窗帘 / 88
5.4 制作牙膏 / 90
5.5 制作洗发露瓶 / 91
5.6 制作饮料罐 / 93

5.7 制作高层建筑物模型 / 94
5.7.1 创建楼体 / 94
5.7.2 添加细节 / 96
5.7.3 为建筑物指定材质 / 102
5.8 思考与练习 / 103

CHAPTER 06
材质与贴图

6.1 材质 / 105
6.1.1 材质编辑器界面 / 105
6.1.2 常用材质类型 / 107
6.2 贴图 / 108
6.2.1 贴图坐标 / 108
6.2.2 贴图通道 / 109
6.2.3 贴图类型 / 110
6.3 标准材质及其参数 / 112
6.3.1 明暗器基本参数 / 112
6.3.2 Blinn 基本参数 / 113
6.3.3 扩展参数 / 113
6.4 反光材质的表现 / 114
6.4.1 玻璃材质的设定 / 114
6.4.2 有颜色的酒 / 116
6.4.3 全反射金属材质 / 117
6.4.4 灯罩、桌面及反光板的材质 / 118
6.5 魔法师道具 / 120
6.5.1 魔杖前端和两翼的黄金材质 / 120
6.5.2 魔杖底部的凹凸花纹 / 121
6.5.3 玛瑙石的材质 / 122
6.5.4 木纹的材质 / 124
6.5.5 地图的材质 / 124
6.5.6 陶器的材质 / 126
6.6 怀旧风格 / 126
6.6.1 金属和布料的旧化效果 / 127
6.6.2 书的材质 / 128
6.6.3 其他材质 / 129
6.7 室外设施及建筑物的材质 / 129
6.7.1 油罐的材质 / 130
6.7.2 弹药箱的材质 / 130
6.7.3 地形的材质 / 131

6.7.4 发电机的材质 / 132

6.7.5 营房墙壁的材质 / 132

6.7.6 营房的屋顶的材质 / 133

6.7.7 岗亭的材质 / 134

6.7.8 岗亭栏杆的材质 / 135

6.7.9 场地围栏的材质 / 136

6.7.10 别墅的材质 / 136

6.8 原始建筑物的"反向工程" / 138

6.8.1 模型的创建 / 138

6.8.2 UVW 展开修改器的使用 / 144

6.9 思考与练习 / 146

CHAPTER 07
灯光与摄影机

7.1 3ds MAX 2018 灯光概述 / 147

7.1.1 3ds MAX 2018 灯光的原则 / 147

7.1.2 3ds MAX 2018 灯光的设置与
创建 / 148

7.1.3 标准灯光的类型及原理 / 148

7.1.4 标准灯光的重要参数 / 150

7.1.5 光度学灯光的类型及原理 / 151

7.1.6 光度学灯光的重要参数 / 153

7.2 影子的魅力 / 155

7.3 放映幻灯片的效果 / 158

7.4 室内照明和光能传递 / 159

7.5 日光中场景的照明和渲染 / 162

7.6 摄影机的使用 / 164

7.6.1 传统摄影机的主要参数 / 165

7.6.2 物理摄影机的主要参数 / 166

7.7 为场景设置灯光及架设摄影机 / 169

7.8 摄影机的景深效果 / 171

7.9 剪切平面的应用 / 173

7.10 思考与练习 / 174

CHAPTER 08
动画设计

8.1 动画设计概述 / 175

8.1.1 动画的对象 / 175

8.1.2 与动画相关的一些命令 / 176

8.1.3 动画控制器 / 178

8.1.4 动画约束器 / 180

8.2 变形动画：花瓶变酒杯 / 181

8.3 使用自动关键点录制动画 / 182

8.4 书写文字动画 / 183

8.4.1 生成路径变形文字 / 183

8.4.2 文字动画的制作 / 184

8.4.3 添加铅笔书写动画 / 184

8.4.4 设置铅笔依次出现的动画 / 186

8.5 骨骼系统和约束系统的使用 / 188

8.5.1 头部和眼球的动画 / 189

8.5.2 腿部的动画 / 190

8.5.3 武器的动画 / 193

8.5.4 行走的动画 / 194

8.6 思考与练习 / 195

CHAPTER 09
渲染、环境和效果

9.1 渲染 / 196

9.1.1 渲染设置窗口的组成 / 196

9.1.2 输出设置 / 197

9.1.3 默认扫描线渲染器常用设置 / 199

9.1.4 光能传递 / 200

9.2 环境和效果 / 202

9.2.1 环境控制 / 202

9.2.2 渲染效果 / 203

9.3 海底世界 / 204

9.3.1 创建海底 / 204

9.3.2 创建海水效果 / 204

9.3.3 创建气泡效果 / 205

9.3.4 创建浮游生物 / 206

9.3.5 创建水焦散图案 / 208

9.3.6 创建立体光线 / 209

9.3.7 添加海豚动画 / 210

9.3.8 配音合成 / 211

9.3.9 使声音与动画同步 / 213

9.4 思考与练习 / 213

CHAPTER 01

计算机三维设计概述

本章提要

常用三维软件介绍

3ds MAX 2018 简介

3ds MAX 2018 基本操作介绍

1.1 计算机三维动画的概念及特点

1.1.1 传统动画与计算机三维动画

1. 传统动画

传统动画是在计算机三维动画出现之前对手工制作的动画片的统称。

动画的英文是 Animation。世界上著名的英国动画艺术家约翰·汉斯曾指出：运动是动画的本质。传统动画的定义有以下两层含义。

❶ 动画是一门通过在连续多格的胶片上拍摄一系列单个画面，然后将胶片以一定的速率放映出来，从而产生运动视觉效果的技术。

❷ 动画是一种动态生成一系列相关画面的过程，其中的每一帧与前一帧略有不同。

传统动画和计算机三维动画都是基于帧画面来实现的，但由于制作手段、实现手段的差异及载体的不同，动画的记录介质已经从胶片发展到磁带、磁盘、光盘等。放映的方法也不只是使用灯光投影到银幕上，还可以使用电视屏幕、计算机显示器、投影仪等设备进行显示。动画也不仅限于表现运动，还可以表现非运动的过程。

2. 计算机三维动画

计算机三维动画是利用计算机产生和处理帧画面上的图形和图像，交互地进行图形和图像的编辑、润色及声效结合，并将连续的画面实时演播的计算机综合技术。

计算机三维动画始于 20 世纪 60 年代初，由于当时的计算机及其外围设备性能低，价格高，相关领域的理论不成熟，因此它的发展一直比较缓慢。

80 年代中后期，随着计算机及相关技术的不断发展和完善，特别是高质量、高逼真视觉效果的三维图形软件的出现，计算机三维动画开始从简单的二维卡通动画，向着真实感强，基于物理特征的三维造型动画，以及基于其他属性动态变化控制的复合型动画方向发展。

近年来，计算机三维动画应用领域日益扩大，现已广泛应用于电影、电视、工业设计、教育和娱乐等众多领域。

计算机三维动画利用计算机进行动画的设计与创作，产生真实的立体场景与动画。与传统的二维手工制作的动画相比，计算机使真正意义上的三维动画成为可能，极大地提高了制作的工作效率，增强了制作的效果。利用计算机进行三维动画的创作不仅可使动画制作者摆脱烦琐的传统手工劳动，将制作者真正地解放出来，也使动画制作跨入了一个全新的时代。

与传统动画相比，计算机三维动画有如下优点。

❶ 画面精美，富有想象力。许多电影、电视中的精彩场面就是人们借助计算机三维动画技术生成的。

❷ 画面易保存，易修改。以前的动画多应用胶片，随着时间的推移及使用次数的增多，会因一些外界条件（如材料的老化、破损等）而难以保存和修改。采用数字化技术保存的动画片，可以无损耗地多次使用，并且还可以在计算机上任意地改变剧情，设计新角色和内容。

❸ 制作成本低廉。传统的动画制作造价高，制作过程有大量重复性劳动，费时、费力。使用计算机制作动画，可以把许多重复性的劳动交给计算机完成，从而大大节约了成本。

❹ 强有力的形体设计能力。计算机三维动画提供了各种平面、曲线、曲面等的生成工具，可以产生各种生动、逼真的形体，如生活用品、建筑物、星球等，还可以创作出抽象物，正如许多科幻片中呈现的。图 1-1 是用计算机三维动画软件设计的一个虚拟场景。

图 1-1　用计算机三维动画软件设计的一个虚拟场景

❺ "随心所欲"的动画。在计算机中，动画可以不受时间和空间的制约，任意指定物体的运动、形体的变化、拍摄的角度，以及轨迹、照明等，也可以通过数学、物理等方法计算出每个对象的运动规律，并随时演示动画设计的结果，反复进行修改、调试，动画的前景和背景也可以分别设计，随时进行背景的合成与更换。

❻ 丰富的质感表现。计算机三维动画提供给设计人员丰富的质感表现手段，用以实现各种创意艺术效果。在计算机三维动画中，质感主要通过形体的属性和灯光的设计来实现。

❼ 各种表现形式的结合。可以利用计算机将广告的几种表现手段（如投影、二维动画、三维动画）结合使用，发挥各自的优势，产生最佳的艺术效果。

1.1.2　计算机三维动画的应用领域

计算机三维动画主要在以下领域应用广泛。

1. 影视广告制作

计算机三维动画广泛应用于影视广告制作领域，无论是科幻影片、电视片头，还是行业广告，都可以看到计算机三维动画的身影。我们会对《侏罗纪公园 2：失落的世界》等影片中恐龙狂奔的镜头记忆犹新，如果没有计算机的帮助，要想将恐龙栩栩如生地呈现在观众面前几乎是不可能的。

2．机械制造与建筑设计

CAD 计算机辅助设计系统的应用，使机械制造与建筑设计工作方便、快捷，可减少和避免各种误差带来的浪费，大大提高设计效率。例如，在进行高投资的装潢施工之前，为了避免浪费，可以通过三维动画软件进行模拟，做出多角度的照片级效果图，提前呈现装潢后的效果。如果对效果不满意，可以改变施工方案，从而节约时间与金钱。图 1-2 是用三维动画软件设计的建筑效果图。

3．军事与科技

在指挥作战的模拟战场，可以使用三维动画软件呈现虚拟场景，立体地对战场进行部署和控制。在火箭研究中，可以使用三维动画软件模拟发射过程，进行各项观察与研究。在飞行训练中，使用三维动画软件模拟飞行可使飞行训练变得安全，且能节省高额支出。

4．生物、化学工程与医疗卫生

三维立体模型为生物、化学工程及医疗卫生的实验和研究提供了良好的条件。例如，可通过计算机三维动画自由地模拟有机、无机分子的组合，并计算出最佳的方案，为研究工作提供了极大的方便。

5．游戏设计与娱乐

三维游戏可使玩家产生身临其境的感觉。它以全新的艺术魅力，吸引着越来越多的游戏爱好者。图 1-3 是用三维动画软件设计的游戏场景效果图。

图 1-2　建筑效果图

图 1-3　游戏场景效果图

1.1.3　常用的计算机三维动画软件

1．3ds MAX

3ds MAX 作为世界上应用广泛的三维建模、动画、渲染软件之一，完全满足制作高质量动画、创意游戏、创意设计效果的要求。3ds MAX 由 Discreet 公司开发（后被 Autodesk 公司合并）。

3ds MAX 一直在动画市场上占据非常重要的地位，尤其是在电影特效、游戏软件开发等领域。在 3ds MAX 2018 中，我们可以看到 3ds MAX 是如何帮助设计师与动画师更加精准地把握动画背景与人物结构的。

3ds MAX 的成功在很大的程度上要归功于它的开放性接口。例如，mental ray 渲染器现已成为其内置渲染器，VRay、Brazil、FinalRender 等超强外挂渲染器的支持也使 3ds MAX 如虎添翼。许多技术公司也在为 3ds MAX 设计各种专业的插件，如增强的粒子系统、火、烟、云、肌肉、人面部动画制作专业插件等。

2．Maya

Maya 起初由 Alias、Wavefront 公司推出，Alias、Wavefront 公司是 SGI 的全资子公司，SGI 公司的软件和硬件因电影《侏罗纪公园》而一举成名。

Maya 是非常优秀的三维动画制作软件，它结合新技术，功能强大，操作简便，结构完整。尤其擅长角色动画制作，并有强大的建模功能。Maya 的操作界面与 3ds MAX 类似。

Maya 中最具震撼力的功能可算是 Artisan 了。它可以帮助用户随意雕刻 NURBS 面，从而生成各种复杂的对象。如果再配合数字化的输入设备（如数字笔），便可以更加方便地制作各种复杂模型。

3．Softimage XSI

Softimage XSI 杰出的动作控制技术吸引越来越多的导演选用，来完成电影中的角色动画。《侏罗纪公园》里身手敏捷的速龙、《闪电悍将》里闪电侠飘荡的斗篷，都是应用 Softimage XSI 设置动画的。

Softimage XSI 最知名的部分之一就是 mental ray 超级渲染器。mental ray 拥有丰富的算法，图像质量优良，成为业界主流。目前，只有 Softimage XSI 与 mental ray 可无缝集成，而其他的软件就算能通过接口模块转换，Preview（预调）所见却不是最终所得。只有选择 Softimage XSI 作为主平台才能解决此问题。 mental ray 超级渲染器可以着色绘出具有照片品质的图像，《星际战队》中昆虫异形就是用 mental ray 渲染的。许多插件厂商专门为 mental ray 设计了各种特殊效果，大大扩充了 mental ray 的功能，可制作出更多奇妙的效果。

当下，角色动画制作多为大规模的制作群，制作效率已成为重要因素。Softimage XSI 可从多个方面提高用户的创作效率。第一，其直接支持 mental ray 跨平台的分布式渲染，通过 Cluster 自动管理多 CPU 并行运算，甚至可以支持多 CPU 并行运算于 mental ray 交互式 Preview；第二，其采用内置的 Internet 浏览器 Net-View，可快速、便捷地进行远程数据交换；第三，Softimage XSI 创立的非线性动画设计一直保持着很强的优势，其使用智能化动画混合器来进行动作的合成、加工。

Softimage XSI 还具备超强的动画能力，其支持各种动画制作方法，可以生成逼真的运动效果。Softimage XSI 独有的 Functioncurve 功能可以让创作者轻松地调整动画，且具有良好的实时反馈能力，使创作者可以快速看到将要产生的结果。但由于 3ds MAX 也有内置渲染器 mental ray，且制作效果很好，因此，Softimage XSI 的前景也受到了空前的挑战。

4．Animatek World Builder

Animatek World Builder 是一个独立的 3D 景观创造系统，可以独立创造逼真的山水景色，适用于广告影片、游戏场景、建筑景观等领域。Animatek World Builder 的渲染速度较慢是其弱点，但渲染的品质较高。

Animatek World Builder 还支持很多三维动画软件，创作者可以将使用 Animatek World Builder 生成的场景直接导入 3ds MAX 2018、Lightwave 等软件使用，然后将场景的材质一同输出。因此，创作者可以使用 3ds MAX 2018 等动画软件来实现场景后期的着色和动画。

5．其他

（1）Houdini

Houdini 的前身是 Prism，一个非常有特色的三维动画软件，其在电影制作领域应用广泛。Houdini 将平面图像处理、三维动画技术和视频合成技术有机地结合在一起。使用 Houdini 可制作许多电影特技效果，如电影《魔鬼终结者》里的变形杀手，电影《独立日》里几百个太空船和飞机疯狂战斗的场景等。

（2）Lightwave

Lightwave 也是一个非常著名的三维动画软件，电影《泰坦尼克》中有一段沉船的三维动画模拟录像就是用 Lightwave 制作的。

1.2 3ds MAX 2018 新增功能概览

本书介绍了 3ds MAX 2018 版本的主要功能，包括建模、材质、灯光、渲染与着色、摄影机、动画等。这些功能在 3ds MAX 的低版本中同样具备，但 3ds MAX 2018 版本对这些功能进行了更深层次的开发，主要体现在如下几方面。

1.2.1 建模方面

1．人群的创建与填充

在 3ds MAX 2018 中，人群的创建与填充得到增强。3ds MAX 2018 可以对人物进行细分，得到精细的人物模型，且有更多的动态库，包括坐着喝茶的动作，走路动画也进行了修正，还可以给人物变脸，提供一些预制的面部选择等。

2．点云系统

创建面板增加了点云系统。点云就是使用三维激光扫描仪或照相式扫描仪得到的点的数据集。因为点非常的密集，所以称为点云。通过点云系统扫描出来的模型，可直接用在建模或者渲染中。

使用点云系统，可以以点云形式导入从实景捕获的大型数据集，基于实际参考，创建精确的三维模型。3D 建模人员可以在视口中查看真彩色的点云，以交互方式调整云显示的范围，通过捕捉点云的顶点创建新几何体。

3．双四元数蒙皮

通过更加逼真的变形，创建更好的蒙皮角色，避免角色肩部或腕部因网格在扭曲或旋转变形时丢失体积而出现蝴蝶结或糖果包裹纸效果。

4．三维建模和纹理

3ds MAX 2018 支持 OpenSubdiv 库，可以用开源的 OpenSubdiv 库表示细分曲面。该库集成了 Microsoft Research 的技术，旨在同时利用并行的 CPU 和 GPU 架构，提高网格视口中的各项性能。

1.2.2　渲染与着色方面

1．视口显示速度

视口的处理速度将更快，改进后可加速导航、选择和视口纹理烘焙，从而提高交互性，特别是在具有密集网格及多个纹理贴图的场景中。此外，可使抗锯齿对性能的影响降到最低，美工人员和设计师可以使用保真度更高的环境，而不影响速度。

2．实时渲染

增加了 NVIDIA iray 和 NVIDIA mental ray 渲染器的实时渲染效果，可以实时显示效果，并且随着时间的更新，效果会越来越好。

3．ShaderFX 着色器

在载入 DirectX 编辑的材质时可以应用 ShaderFX 着色器，其有独立的面板，可以进行调节，实现游戏中的实时显示方式。

4．A360 渲染

由于 A360 渲染使用云计算，因此可以创建令人印象深刻的高分辨率图像，无须占用桌面及专业的渲染硬件，可创建日光研究渲染、交互式全景和照度模拟效果，重新渲染以前上传文件中的图像，轻松地与他人共享文件。

1.2.3　摄影机方面

1．立体摄影机

添加新的立体摄影机功能后，创作者可以创建娱乐性更强的内容与可视化设计。通过安装插件，创作者可创建立体摄影机装备，进行被动或主动的立体模式查看。

2．摄影机序列器

可更加轻松地创建高质量的动画和影片，更加自如地控制摄影机来讲述故事，以非破坏性方式在摄影机中裁切、修剪，以及重新排序动画片段，保留原始数据不变。

1.2.4　其他

1．脚本语言

脚本语言为 Python 语言，可以快速生成程序结构，提高脚本效率。

2．场景资源管理器和图层管理器

场景资源管理器和图层管理器的性能均有所提高，且稳定性得以改进，处理复杂场景变得更加容易。

3．设计工作区

使用设计工作区可更加轻松地访问 3ds MAX 2018 的主要功能，如更加轻松地导入设计数据，创建逼真的可视化效果。设计工作区采用基于任务的逻辑系统，可轻松访问对象放置、照明、渲染、建模和纹理制作工具等。

4. Revit 和 SketchUp 工作流

通过导入和文件链接方式，可将 Revit 文件直接导入 3ds MAX 2018，且导入速度比以前提高了近 10 倍。SketchUp 用户也可将 SketchUp 文件直接导入 3ds MAX 2018，在 3ds MAX 2018 中进一步进行设计。

5. 模板系统

借助提供标准化启动配置的按需模板，可加快场景创建。使用简单的导入、导出选项，可实现模板共享、创建新模板，以及针对工作流定制现有模板。内置的渲染、环境、照明和单位设置可更加精确地呈现项目结果。

6. Alembic 支持

在 Nitrous 视口中查看大型数据集，并通过新增的 Alembic 支持，可在整个制作流程中更轻松地传输数据集，使用经过生产验证的技术，并以可管理的方式在整个制作流程中移动复杂的数据，对复杂的动画数据和模拟数据进行提取，获得一组非程序性的，与应用程序无关的烘焙几何体结果。

1.3　3ds MAX 2018 简介

1.3.1　界面概述

3ds MAX 2018 的主要界面如图 1-4 所示，部分常用工具如下（注：3ds MAX 2018 中的坐标标识均为正体，本书软件截图保留正体字样，文字描述部分将按编辑规范，部分改为斜体）。

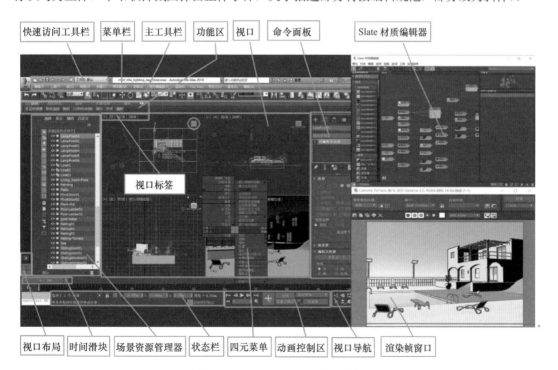

图 1-4　3ds MAX 2018 的主要界面

（1）快速访问工具栏

【快速访问工具栏】提供文件处理功能和撤消／重做命令，以及一个下拉列表，用于切换不同的工作空间界面。

（2）主工具栏

【主工具栏】提供 3ds MAX 2018 中许多常用的命令。

（3）功能区

【功能区】包含一组工具，用于建模、绘制场景、添加人物等。

（4）场景资源管理器

【场景资源管理器】用于查看、排序、过滤和选择对象，还可重命名、删除、隐藏和冻结对象，创建和修改对象层次，以及编辑对象属性。

（5）视口布局

【视口布局】用于不同视口配置之间的快速切换。创作者可以使用提供的默认布局，也可以创建自己的自定义布局。

（6）状态栏

【状态栏】包含有关场景和活动命令的提示及状态信息。提示信息右侧的坐标显示字段可用于手动输入变换值。

（7）视口标签

【视口标签】用于更改各个视口显示内容，其中包括观察点和明暗样式。

（8）四元菜单

在活动视口中任意位置（除了在视口标签上）单击右键，将显示【四元菜单】。

（9）时间滑块

【时间滑块】允许创作者沿时间轴导航，并跳转到场景中的任意动画帧。可以通过右键单击时间滑块，从弹出的【创建关键点】对话框选择所需的关键点，来快速设置位置，或旋转、缩放关键点。

（10）视口

使用【视口】可从多个角度构想场景，并预览照明、阴影、景深及其他效果。

（11）命令面板

通过【命令面板】的 6 个面板，可以创建和修改几何体、添加灯光、控制动画等。尤其是【修改】命令面板，包含大量工具，用于增加几何体的复杂性。

（12）动画控制区

位于【状态栏】和【视口导航】之间的是【动画控制区】，可实现动画的创建和播放等。

（13）视口导航

使用【视口导航】中的按钮可以在活动视口中导航场景。

（14）Slate 材质编辑器

【Slate 材质编辑器】提供了创建、编辑材质和贴图的功能。将材质指定给对象，并使用不同的贴图在场景中创建更逼真的效果。

（15）渲染帧窗口

【渲染帧窗口】显示场景的渲染效果，还可轻松实现重新渲染。使用此窗口中的相关功能，可以更改渲染预设，锁定渲染至特定视口、渲染区域，以加快反馈速度，还可以更改 mental ray 设置等。

1.3.2 菜单命令

【菜单栏】位于【标题栏】之下，它与标准的 Windows 文件菜单结构和用法基本相同，在 3ds MAX 2018 中，主要用于文件的管理、编辑、渲染及帮助等。在后续章节中将陆续介绍【菜单栏】中的各项菜单命令。

1.3.3 命令面板

【命令面板】也分为上、下两层，上层为【标签栏】。单击【标签栏】中的标签，可以控制显示某一类的命令按钮、选项或参数，下层显示当前【命令面板】中的命令按钮、选项或参数。

在【命令面板】的【标签栏】中有 6 个标签按钮。通过单击这 6 个标签按钮可以显示不同功能的命令面板。其中【创建】命令面板和【修改】命令面板是两个最常用的面板。下面简单介绍这 6 个功能面板。

1. 【创建】命令面板

单击【创建】按钮，显示【创建】命令面板。它的主要功能是创建各类造型和对象。默认的【创建】命令面板如图 1-5 所示。

2. 【修改】命令面板

单击【修改】按钮，显示【修改】命令面板。当为某一选择物体施加【修改】命令后，其【修改】命令面板会发生相应的变化，如图 1-6 所示。【修改】命令面板的主要功能是对造型进行编辑修改。

图 1-5 【创建】命令面板　　　　图 1-6 【修改】命令面板

3. 【层次】命令面板

单击【层次】按钮，显示【层次】命令面板。通过此面板可以设置对象的轴心，定义对象间的联系，设置反向连接及连接信息等，主要应用于动画制作。

4. 【运动】命令面板

单击【运动】按钮，显示【运动】命令面板。此面板主要应用于动画制作和对动画的控制。

5. 【显示】命令面板

单击【显示】按钮，显示【显示】命令面板。此面板主要用于控制造型在视图中的显示状态，如显示、隐藏或冻结等。冻结一个造型，就是使该造型在视图中虽然可以看得见，但不能对其进行编辑。被冻结的造型在视图中显示为灰色。

6.【实用程序】命令面板

单击【实用程序】按钮，显示【实用程序】命令面板。此面板主要用于资源浏览、透视匹配等。

1.4 3ds MAX 2018 界面定制与操作

1.4.1 常用视图类型

3ds MAX 2018 视图种类丰富，可以分为标准视图、摄影机视图、灯光视图、栅格视图、图解视图、实时渲染视图和扩展视图等，作用与内容各不相同。以下只对标准视图做简单介绍，其他视图读者可在后续章节的学习中不断理解。

标准视图主要用于视图的编辑操作，分为正视图、正交视图和透视视图。通常的造型编辑工作都是在这些视图中完成的。

正视图是造型在 6 个正方向的投影视图，包括顶视图、底视图、前视图、后视图、左视图和右视图。一般都是以视图英文单词的首字母作为相应视图切换的快捷键（右视图和后视图除外）。

正交视图和透视视图具有灵活的可变性，通过这两个视图可以观察三维对象的结构。它们的区别是：正交视图不产生透视，其中的对象不会发生透视形变，视图工具与其他正视图相同；透视视图带有透视变形能力，类似一种广义的摄影机视图，可以通过变换角度对对象进行环游观察，在摄影机创建前就获得透视效果，透视角度也是可以调节的。

1.4.2 视图设置

视图设置的具体操作方法是：在【菜单栏】中执行【视图 / 视口配置】命令，打开【视口配置】对话框。以下简单介绍【视口配置】对话框中的几个常用选项卡。

【视觉样式和外观】选项卡：在该选项卡中可以设置不同的渲染级别及渲染属性等，如图 1-7 所示。

【布局】选项卡：可以改变视图的布局，方便地设置适合的视图布局，如图 1-8 所示。

图 1-7 【视觉样式和外观】选项卡

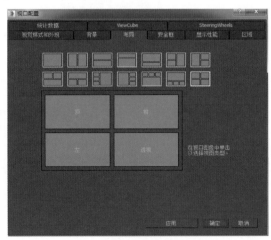

图 1-8 【布局】选项卡

【安全框】选项卡：设置安全框的主要目的是标明显示在 tv 监视器上的工作的安全区域。

【显示性能】选项卡：可以更改着色视图中的显示状态，以便当前操作与显示保持同步。

【区域】选项卡：可以指定放大区域和子区域的默认选择矩形大小，以及设置虚拟视图的参数。

1.4.3 视口标签

在每个视口的左上角都有 3 个标签，右键单击标签，可以弹出相应的【视口标签】菜单，进行视口设置。【视口标签】菜单可分为【常规视口标签】菜单、【观察点视口标签】菜单和【明暗处理视口标签】菜单，如图 1-9~ 图 1-11 所示。

图 1-9 【常规视口标签】菜单

图 1-10 【观察点视口标签】菜单

图 1-11 【明暗处理视口标签】菜单

1. 【常规视口标签】菜单

在视口左上角有一个加号作为菜单标识。该菜单中的命令可以实现视口的总体操作及激活，还可以打开【视口配置】对话框，对视口显示进行设置等。

2．【观察点视口标签】菜单

该菜单主要用于更改视口的显示角度或内容，如更换显示类型、打开轨迹视图、切换到摄影机视图等。

3．【明暗处理视口标签】菜单

该菜单用于选择对象在视口中的显示方向，如果采用的是 Direct3D 驱动显示方式，那么可以选择切换平滑、线框、边面等显示模式；如果采用的是 Nitrous 驱动方式，那么可以选择切换真实、明暗处理、一致的色彩等视口显示模式。此外，还可设置样式化的特殊显示，如石墨、彩色铅笔、墨水等。

1.4.4　视口操作方法

在 3ds MAX 2018 主界面的右下角有 8 个图形按钮，为当前激活视图下的控制工具，在不同的视图中这些控制工具也会有所不同，其中比较常用的有如下几个。

1．【缩放】按钮

单击该按钮，在任何视图中拖动鼠标，可以对视图进行推拉收放的显示，使用 Ctrl+Alt+鼠标中键组合快捷键，也可以执行这个命令。

2．【缩放区域】按钮

单击该按钮，可以对视图进行区域放大。在任何正视图中拉出一个矩形框控制物体，物体会放大至视图满屏，该命令一般不在透视视图中使用。

3．【最大化显示】按钮

单击该按钮，场景中的所有物体将以最大化的方式全显示在当前激活的视图中。

4．【最大化显示选定对象】按钮

单击该按钮，可以将所选择的物体以最大化的方式显示在激活的视图中。该功能有利于在复杂场景中寻找并编辑单个物体。

5．【最大化视口切换】按钮

单击该按钮，当前视图会满屏显示。该功能有利于精细操作，再次单击该按钮，可返回原来的状态。

6．【平移】按钮

单击该按钮，可进行平移操作。在任意视图中拖动鼠标，进行移动式观察。也可直接按住鼠标中键，实现在视图中平移。

7．【环绕】按钮

单击该按钮，可以在正交视图和透视视图中进行操作。当前视图中会出现一个黄色的圈，可以在圈内、圈外或圈上的四个顶点处拖动鼠标来改变不同的视角，主要用于透视视图的角度调节，如果对其他正视图使用此命令，将发现正视图自动转换为正交视图。若想恢复原来的正视图，按下 Shift+Z 组合快捷键即可。

1.4.5　创建自定义用户界面

执行菜单栏【自定义 / 自定义用户界面】命令，打开【自定义用户界面】对话框，如图 1-12 所示，可以新建属于自己的热键、工具栏和四元菜单等。设置完毕后，单击【保存】按钮。

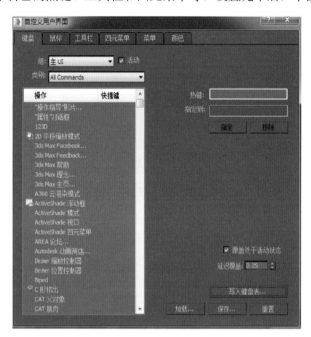

图 1-12　【自定义用户界面】对话框

1.5　场景文件管理

1.5.1　文件的打开和保存

单击【快速访问工具栏】中的【应用程序】按钮 ，在弹出的下拉菜单中执行【打开】命令，可以打开 3ds MAX 2018 的场景文件；执行【另存为 / 另存为】命令，可以用一个新的文件名称来保存当前场景，以便保留旧的场景文件；执行【另存为 / 保存副本为】命令，可以将当前场景另存为其他文件名，而不更改当前正在使用的场景文件名称；执行【另存为 / 保存选定对象】命令，可以有效地挑选出需要的部分，重新归类保存，加以利用。

1.5.2　文件的导入和导出

单击【快速访问工具栏】中的【应用程序】按钮，在弹出的下拉菜单中执行【导入 / 导入】命令，在打开的【选择要导入的文件】对话框可以导入或合并不属于 3ds MAX 2018 标准格式的场景文件，通过选择文件类型直接导入。如果选择【所有格式】选项，则可以看到全部类型的文件，如图 1-13 所示。执行【导出 / 导出】命令，在打开的对话框中可以将当前场景导出为其他文件格式，通过选择文件类型直接输出。可导出的文件类型很多，与导入的文件类型类似。

图 1-13　所有格式

1.5.3　文件的合并和替换

单击【快速访问工具栏】中的【应用程序】按钮,在弹出的下拉菜单中执行【导入/合并】命令,可以将其他场景文件中的对象合并到当前文件中。

有些场景在打开的过程中或制作、渲染的过程中会发生故障,这时可以借助合并功能来解决。即打开一个空场景文件,将所需场景文件合并,需要注意的是:合并功能无法合并对环境所做的设置,如燃烧效果、雾效果等。此时需要使用【渲染/环境】或【渲染/效果】命令,在相应窗口中进行设置与合并,如图 1-14 所示。

（a）环境　　　　　　　　（b）效果

图 1-14　【环境和效果】窗口

执行【导入/替换】命令，可以将新文件与当前场景中的重名对象进行替换。在替换时，其修改器堆栈也将进行替换，但其他特性，如变换、空间扭曲、层次、材质等将不会替换，如果想全部替换，则可以使用【合并】命令。

如果当前场景中的对象有相应的实例复制对象，也将一同进行替换，如果相同的名字有两个以上的对象，将全部替换成新的对象。

1.6 思考与练习

1. 查阅资料，安装 3ds MAX 2018。
2. 参考本章内容，进一步了解 3ds MAX 2018 的界面。
3. 3ds MAX 2018 的菜单栏包含哪些菜单？它们分别包含哪些菜单命令？
4. 工具栏、菜单栏和命令面板中的部分命令是重复的，能否找到它们的对应关系？
5. 动画控制区中都包含哪些按钮？它们分别有什么作用？

02 3ds MAX 2018 基本操作及基本对象的创建

本章提要
对象的选择和管理
坐标系统
对象的常用操作
基本对象的建立
制作桌椅
软管与圆管的连接

2.1 对象的基本操作

2.1.1 对象的选择和管理

在 3ds MAX 2018 中，只有先选择对象，才能进行对象的修改、编辑等操作。3ds MAX 2018 为用户提供了多种选择对象的工具，在【编辑】下拉菜单中可以进行选择，如图 2-1 所示。注意：本书涉及操作步骤的数值部分，若数值小数点后为 0，则在书中描述时统一舍去小数点后内容（软件截图部分数值保留小数点后 0）。

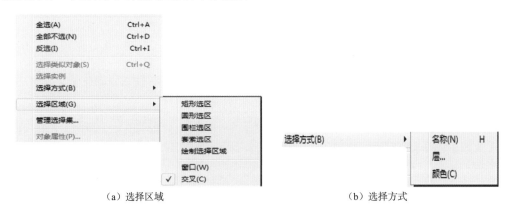

（a）选择区域　　　　　　　　　　　　　（b）选择方式

图 2-1 【编辑】下拉菜单中的各种选择方式

同时，在【主工具栏】中还有一些用来选择和变换对象的工具，如图 2-2 所示。有的图标右下角有一个小三角，这表明其下还隐藏着其他选项，如 ■、 ■、 ■，其展开隐藏选项后的效果如图 2-3~图 2-5 所示。

图 2-2 【主工具栏】中选择和变换对象的工具

图 2-3 【选择区域】工具

图 2-4 【选择缩放】工具

图 2-5 【选择放置】工具

另外，使用【场景资源管理器】也可以查看、排序、过滤和选择对象，还可重命名、删除、隐藏和冻结对象，创建和修改对象层次，以及编辑对象属性，如图 2-6 和图 2-7 所示。

图 2-6 场景资源管理器

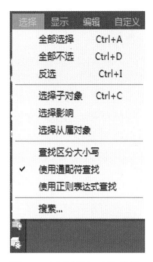

图 2-7 【选择】下拉菜单

1．鼠标选择对象方式

单击【主工具栏】中的【选择对象】按钮，图标将变为黄色，表示处于使用状态。在任意视图中选择场景中的任意一个对象，物体将以白色线框显示，再选择场景中的其他对象，可以发现新选择的对象处于选中状态，而原选择对象则取消选中。在视图中没有对象的位置单击，则会取消选中对象。

2．区域选择方式

在任意视图中按下鼠标左键并拖动，将拉出一个矩形虚线框，框选几个对象后释放鼠标，可以发现凡是在框内的物体均处于选中状态。这是一个非常方便的选择方法，可以同时配合 Ctrl 和 Alt 键进行物体的追加和排除。如果按住【主工具栏】中的【矩形选择区域】按钮不放，将会弹出五个复选按钮，分别是【矩形选择区域】按钮、【圆形选择区域】按钮、【围栏选择区域】按钮、【套索选择区域】按钮和【绘制选择区域】按钮，如图 2-3 所示。可以用这些工具进行框选，提高选择效率。

3．窗口或交叉选择方式

【主工具栏】中的【交叉】按钮，实际上是一个模式切换开关，用于控制两种不同的区域选择方式，主要配合框选方式发生作用。

窗口选择方式：当使用框选方式时，只有完全包含在虚线框内的对象才能被选中，而只有局部在虚线框内的对象将不被选中。

交叉选择方式：当使用框选方式时，无论对象是完全还是部分处于框选范围内，虚线框涉及的所有对象都将被选中。

4．其他选择方式

（1）选择过滤器

【选择过滤器】位于【主工具栏】，编辑框用于过滤要选择的对象，单击编辑框的下拉箭头，将弹出下拉列表，显示各个选择对象的类型，如图 2-8 所示。

（2）选择锁定

按下键盘上的空格键，或单击视窗底部的【锁定】按钮 🔒，可将需要进行操作的对象锁定，这样就不会在编辑对象的过程中误选其他对象。再单击一次该按钮，将取消锁定。

（3）按名称选择对象

可以用以下方式按名称选择对象：

从【场景资源管理器】中指定对象名称；

通过执行【编辑 / 选择方式 / 名称】命令，在打开的对话框中选择指定对象。

这两种方式快捷准确，在进行复杂场景的选择操作时非常有用。

（4）按材质选择对象

可在【材质编辑器】中通过指定材质来选择对象。例如，单击【主工具栏】中的【材质编辑器】按钮 🎱，打开【材质编辑器】窗口，选择某一同步材质球，然后单击右侧的【按材质选择】按钮 🎱，会自动打开【选择对象】窗口，将所有被赋予此材质的物体选中。

（5）按颜色选择对象

执行该命令后，鼠标指针会显示特殊符号，选择一个对象后，与该对象线框颜色相同的所有对象都会被选中。

（6）全选、全部不选和反选

在【编辑】菜单中包含这些命令，比较容易使用，此处不再赘述。

5．【选择集合】的命名和编辑

可以对当前要选择的集合指定名称，以便操作。将要命名的集合选中，然后在【主工具栏】中的空白编辑框中输入名称，按回车键即可。下次只要在下拉列表中找到名称，就可以选择相应的集合进行编辑操作，如图 2-9 所示。

6．【组】的操作

【组】是可记录编辑的选择集合。【选择集合】仅限于选择对象，【组】与【选择集合】相比，它的概念要更深一层。如果对场景中多个对象进行统一的选择和操作，可以将它们选择后组成一个【组】，然后对【组】进行修改、加工及动画制作。

【组】下拉菜单如图 2-10 所示，可以很好地完成有关操作。

图 2-8　各个选择对象的类型　　图 2-9　【选择集合】的命名　　图 2-10　【组】下拉菜单

2.1.2 对象的属性、坐标系统、变换中心和轴约束

1. 对象的属性

选择场景中的某个对象，然后单击右键，从弹出的四元菜单中选择【对象属性】命令。在弹出的【对象属性】对话框中可以查看对象信息，进行隐藏或冻结对象操作，设置对象的显示属性、渲染控制、缓冲区和运动模糊等有关参数，如图 2-11 所示。

2. 坐标系统

在主工具栏中，可以选择坐标系统的类型，共有 9 种坐标系统可供选择，如图 2-12 所示。在对对象进行变换时，需要灵活使用这些坐标系统。首先选定坐标系统，然后选择轴向，最后再进行变换，这是一个标准的操作流程。

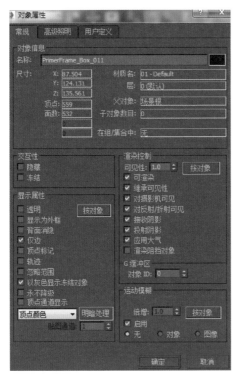

图 2-11　【对象属性】对话框

图 2-12　坐标系统

（1）【视图】坐标系统

【视图】坐标系统是系统默认的坐标系统，也是使用最普遍的坐标系统。在各正视图中，如顶、前、左视图中使用【屏幕】坐标系统，在透视视图中使用【世界】坐标系统、【视图】坐标系统。

（2）【屏幕】坐标系统

各视图都会使用与屏幕平行的主栅格平面，该平面中的 x 轴代表水平方向，y 轴代表垂直方向，z 轴代表景深方向。因此，在不同的视图中 x、y、z 轴的含义是不同的，这点需要特别注意。

（3）【世界】坐标系统

在 3ds MAX 2018 中，从前面看，x 轴为水平方向，z 轴为垂直方向，y 轴为景深方向，这

种坐标轴方向在任何视图中都是固定不变的，所以，以它为坐标系统可以保证在任何视图中都有相同的操作效果。

（4）【局部】坐标系统

【局部】坐标系统是物体对象以自身的坐标位置为坐标中心的坐标系统。在 3ds MAX 2018 动画制作中，【局部】坐标系统的使用十分常见。

（5）【拾取】坐标系统

【拾取】坐标系统能使用任何场景中选择对象的坐标系。使用时先选择拾取坐标系，然后用鼠标在视图中选择一个单独的物体，该物体的坐标系将变为当前坐标系。

【父对象】坐标系统、【万向】坐标系统、【栅格】坐标系统、【工作】坐标系统的使用读者可参考 3ds MAX 2018 自带的帮助手册。

3．变换中心

在 3ds MAX 2018 中，对象的各种编辑操作的结果都是以轴心作为坐标轴心来操作的，轴心是指对象编辑时中心定位的位置，创作者可以设定不同的轴心来控制对象。

（1）单个对象轴心点的显示与编辑

选择视图中的一个物体，单击命令面板的【层次】按钮，打开【层次】命令面板，再单击【轴】按钮，选择【仅影响轴】，如图 2-13 所示。随后在视图区便可显示该对象的轴心点及其坐标，如图 2-14 所示。

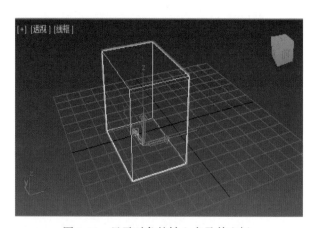

图 2-13　【层次】命令面板　　　　　图 2-14　显示对象的轴心点及其坐标

此时，如果用【主工具栏】中的【移动】按钮，可以移动该对象的轴心点。单击【轴】中的【重置轴】按钮，可使该对象的轴心点恢复到系统默认的轴心点位置。再单击一次【仅影响轴】按钮，可使其反弹，完成当前选择对象轴心点的编辑。

（2）对选择集的三种坐标轴心设置

3ds MAX 2018 的工具栏提供了如图 2-15 所示的三种坐标轴心设置方案，创作者可以选择其中的任意一种来改变默认的公共轴心设置。

【使用轴点中心】按钮：使用选择对象自身的轴心点作为变换的中心点，如果同时选择了多个对象，则针对各自的轴心点进行变换操作。

【使用选择中心】按钮：使用选择对象的公共轴心作为变换基准，这样可以保证选择集合之间不会发生相对变化。

【使用变化坐标中心】按钮：使用当前坐标系统的轴心作为所有选择对象的中心。

4. 轴约束

轴约束用于锁定坐标轴向，进行单方向或双方向的变换操作。在【主工具栏】的空白处单击右键，弹出快捷菜单，如图 2-16 所示。选择【轴约束】选项，打开【轴约束】对话框，如图 2-17 所示。其中【X】、【Y】、【Z】按钮用于锁定单个坐标轴向，在【XY】按钮中还包含了【YZ】和【ZX】按钮，用于锁定双方向的坐标轴向，按 F5、F6、F7 键也可以分别执行 x、y、z 轴向的锁定，连续按 F8 键可以确定不同的双方向轴向。

图 2-15　三种坐标轴心设置方案　　　图 2-16　快捷菜单　　　图 2-17　【轴约束】对话框

2.1.3　对象的变换及其他操作

变换是指移动、旋转和缩放等基本操作，可以通过选取不同的变换坐标系、变换中心、轴约束对选择集进行变换。对象的常用操作还有对齐、冻结、隐藏、复制等。

1. 移动、旋转、缩放工具

在【主工具栏】中有如下三个变换工具按钮。

（1）移动工具

【移动】按钮：选择对象并进行移动，移动的方向由定义的坐标轴方向确定。

（2）旋转工具

【旋转】按钮：选择对象并进行旋转，旋转的转轴由定义的坐标轴方向确定。

（3）缩放工具

【均匀缩放】按钮（或称【三维缩放】按钮）：通过拖曳鼠标将被选择对象进行三维等比缩放，即只改变体积而不改变形状。

【非均匀缩放】按钮（或称【二维缩放】按钮）：可以将被选择对象仅在指定的坐标轴方向上进行变比缩放，其体积和形状都发生了改变。

【挤压】按钮（或称【等体积缩放】按钮）：使被选择对象仅在指定的坐标轴向上进行等体积缩放，即保持体积不变，只有形状发生了改变。

2. 精确变换对象

选择对象后，当用鼠标右键单击移动、旋转或缩放工具按钮时，会出现相应的窗口，如图 2-18 ～图 2-20 所示，可以输入精确的数值，对选择对象进行变换操作。

也可以使用【移动】工具，在状态栏中精确输入对象的轴心世界坐标，将选择对象移动到精确的位置，如图 2-21 所示。

图 2-18 【移动变换输入】窗口　　图 2-19 【旋转变换输入】窗口　　图 2-20 【缩放变换输入】窗口

图 2-21　状态栏对象的轴心世界坐标

3．对齐工具的使用

对齐工具用于将当前对象按指定的坐标方向和方式与目标对象对齐。常用的对齐工具如图 2-22 所示。也可使用【工具 / 对齐】菜单命令，或使用 Alt+A 组合快捷键实现对齐。任何可以变换的对象都可以对齐，如灯光、摄影机和空间扭曲等。可以根据需要，选择所需的对齐工具。

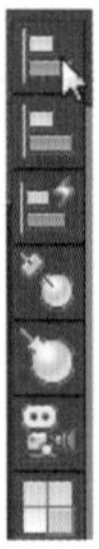

4．对象的隐藏、冻结与捕捉

（1）隐藏、冻结对象

图 2-22　常用的对齐工具

如果操作对象过多，往往需要把暂时不用的对象隐藏起来，即隐藏对象。冻结对象主要是为了保持现有状态，同时在场景中保留对象作为参考。

隐藏和冻结对象有两种方法：一是选择该对象，在场景中右击，在弹出的快捷菜单中选择所需操作；二是单击命令面板的【显示】按钮，在弹出的命令面板中选择所需操作。

（2）捕捉对象

单击【主工具栏】中的【三维捕捉】按钮，可启用捕捉开关，随后能很好地在三维空间中锁定所需位置，以便进行选择创建和编辑修改等操作。按 Shift 键，并在视图中的任意位置单击右键，将会弹出捕捉的四元菜单，进行捕捉设置。如果在【主工具栏】的相应捕捉按钮上直接单击右键，也可以打开【栅格和捕捉设置】窗口，如图 2-23 所示。

捕捉是大多数计算机绘图软件都具有的一项辅助功能，它可使鼠标定位在某一特殊的像素点上，如顶点、中点等，从而为绘图带来方便。3ds MAX 2018 有强大的目标捕捉功能，【主工具栏】中包含的捕捉按钮如图 2-24 所示，这些捕捉按钮的功能如下。

图 2-23　【栅格和捕捉设置】窗口

图 2-24　捕捉按钮

【三维捕捉】按钮 3n ：该按钮用于捕捉对象各个方向上的顶点和边界，是系统默认的捕捉方式。

【二维捕捉】按钮 2n ：该按钮只能在启动的网格上进行对象的捕捉，忽略其高度方向上的捕捉。

【二点五维捕捉】按钮 25n ：该按钮用于捕捉对象的各个顶点和边界在某一平面上的投影。

【角度捕捉】按钮 ：该按钮用于以一定的角度捕捉对象。

【百分比捕捉】按钮 %n ：该按钮用于以一定的百分比增量捕捉对象。

【微调捕捉】按钮 8n ：该按钮用于设置调整区域的数值增量。

5．对象的复制

通常意义上的复制在 3ds MAX 2018 中称为克隆，复制产生的复制品与原始对象可以产生三种状态关系：一是【复制】，即复制品完全独立，不受原始对象的任何影响；二是【实例】，即对复制品、原始对象中的任何一个进行修改，都会同时影响到另一个；三是【参考】，即单向的关联，对原始对象的修改会同时影响到复制品，但复制品自身的修改不会影响到原始对象。

执行【编辑 / 克隆】菜单命令，或使用 Ctrl+V 组合快捷键等多种方法，都可以打开如图 2-25 所示的【克隆选项】对话框，创作者可以根据需要进行复制操作。

复制还有如下常用方法。

（1）变换复制

使用移动、旋转和缩放工具，配合 Shift 键，可以对对象进行批量复制。

（2）克隆并对齐

克隆并对齐功能可以使对象在被克隆的同时，使该对象与另一个对象对齐，方法如下。

在【主工具栏】的空白处单击右键，在弹出的快捷菜单中选择【附加】命令，弹出【附加】工具栏，然后按住【阵列复制】工具 ，在弹出的图标列表中选择【克隆并对齐】工具，或者执行【工具 / 对齐 / 克隆并对齐】菜单命令，都可以打开如图 2-26 所示的【克隆并对齐】窗口。

图 2-25 【克隆选项】对话框　　　　图 2-26 【克隆并对齐】窗口

（3）阵列复制

执行【工具 / 阵列】菜单命令，或单击附加工具栏中的【阵列复制】按钮，即可打开相应对话框。阵列复制工具可以创建当前选择对象的阵列，以及一连串的复制对象，它可以控制产生一维、二维、三维的阵列复制，常用于大量有序地复制对象。

（4）镜像复制

使用此工具可以产生一个或多个对象的镜像。对象在镜像复制时，可以选择不同的克隆方式，同时可以沿着指定的坐标轴进行偏移。镜像复制工具还可以镜像阵列，添加动画。

（5）沿路径复制（间隔工具）

执行【工具 / 对齐 / 间隔工具】菜单命令，或单击附加工具栏中的【间隔工具】按钮，即可打开【间隔工具】对话框。该工具可以在一条曲线路径上或空间的两点间将对象进行批量复制，并且整齐、均匀地排列在路径上，还可以设置对象的间隔方式和轴心点是否与曲线切线对齐等。

（6）快照

在附加工具栏中按住【阵列】按钮，在弹出的下拉工具栏中选择【快照】工具，或者执行【工具 / 快照】菜单命令，可以开启快照功能。在使用快照工具前，必须将快照的模型指定一个路径约束控制器，它的原理是将特定帧的对象以当时的状态，克隆出一个新的对象，就像拍了一张照片一样，结果是得到一个瞬间的造型。使用这种方式可以实现像高速摄影机一样捕捉每一帧的瞬间造型。快照工具不仅可以留下单帧造型，还可以进行连续拍摄，克隆一连串的动态造型。

2.2 基本对象的创建

2.2.1 标准基本体

单击命令面板的【创建 / 几何体】按钮，在【标准基本体】选项中有十种不同类型的形状，如图 2-27 所示。图 2-28 是标准基本体创建的基本形状。

图 2-27 标准基本体

图 2-28 标准基本体创建的基本形状

1. 长方体

长方体是 3ds MAX 2018 中最基本的几何体。单击标准基本体中的【长方体】按钮，在视图中单击鼠标可确定长方体的长和宽，再拖动鼠标确定长方体的高，最后单击完成创建。也可以单击【长方体】按钮，在其面板中展开【键盘输入】卷展栏，输入需要创建的长方体的世界坐标位置，以及长度、宽度、高度参数，如图 2-29 所示，再单击【创建】按钮，即可创建相应的长方体。其他标准基本体的创建方法类似。在透视视图名称上单击右键，在弹出的菜单中选择【边面】，长方体在视图中就会显示面片，如图 2-30 所示。

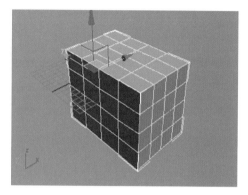

图 2-29 【键盘输入】卷展栏　　　　　　　图 2-30 显示面片

【参数】卷展栏参数含义如下。

【长度】、【宽度】、【高度】：指长方体的长度、宽度和高度。

【长度分段】、【宽度分段】、【高度分段】：设置长方体在长、宽、高方向上的分段数。段数越高物体的模型就越细致，但对系统的要求也会越高。若长、宽、高方向上的段数都为 1，这样的长方体不能进行变形处理。

【生成贴图坐标】：此复选框不需要用户自己设置，当给物体指定一个位图贴图后，该复选框会自动处于选中状态。

2．圆锥体

单击标准基本体中的【圆锥体】按钮，可以创建各种各样的圆锥体和圆台，其各种模型和参数面板如图 2-31 所示。

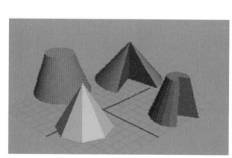

图 2-31 圆锥体的各种模型和参数面板

面板中部分主要参数含义如下。

【半径 1】、【半径 2】：设置圆锥体的下底面半径和上底面半径。

【高度】、【高度分段】：设置圆锥体的高度和高度上的段数。

【端面分段】：设置圆锥体上、下底面的分段数。

【边数】：设置圆锥体边上的段数。数值较低时，圆锥体显得比较粗糙。

【平滑】：选择该复选框，可对圆锥体表面进行平滑处理。

【启用切片】：选择该复选框，可以通过切片起始位置和切片结束位置来设定切割的起始角度和结束角度。

【生成贴图坐标】：选择该复选框，可以对圆锥体表面进行贴图处理。

3．球体

球体表面的网格线是由纵横交错的经纬线组成的，其各种模型和参数面板如图 2-32 所示。

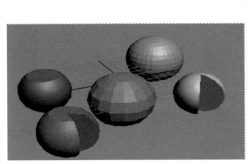

图 2-32　球体的各种模型和参数面板

面板中部分主要参数含义如下。

【分段】：设置球体表面的经线的数目。

【平滑】：选择该复选框，可对球体表面进行平滑处理。

【半球】：通过 0～1 之间的数值将球体"剪开"，如果数值为 0.5，那么就得到一个半球。

【切除】、【挤压】：决定半球的生产方式。若选择【切除】，生成半球时，将从球体上直接切下一块，剩余球体的分段数减少，分段密度不变；若选择【挤压】，只改变球体的外形，剩余球体的分段数不变，分段密度增加。

【轴心在底部】：未选中该复选框时，将以球心为基准点创建球体；选中该复选框时，将以球体底部与某个水平平面相切的点为基准点创建球体。

4．几何球体

几何球体是 3ds MAX 2018 提供的另一种球体模型，它的表面细分网格是由众多的小三角形面拼接而成的，与平常见到的一些篮球、足球表面一样，几何球体与球体的区别如图 2-33 所示。从图中可以看出，组成几何球体表面的网格具有更好的对称性，因此，在具有相同分段数的情况下，几何球体渲染出的效果比球体更加光滑。

几何球体的【参数】卷展栏如图 2-34 所示，其中部分参数含义与球体的参数类似，不同的参数介绍如下。

【分段】：设置球体表面的网格线中小三角形的数目。如果值为 n，构成几何球体的基准多面体为 m 面体，那么该几何球体表面的小三角形的数目为 $n \times n \times m$。

【基点面类型】：可以设置几何球体表面的基准多边形的类型，有四面体、八面体、二十面体 3 个选项。

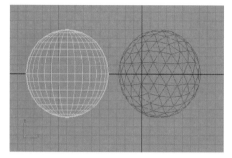

图 2-33 几何球体与球体的区别

（左：球体；右：几何球体）

图 2-34 几何球体的【参数】
卷展栏

5. 圆柱体

圆柱体是圆锥体的一种特殊形式，它的上、下底面半径相等。圆柱体的参数含义、使用方法与圆锥体类似，圆柱体的各种模型和参数面板如图 2-35 所示。

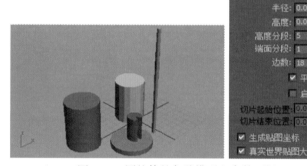

图 2-35 圆柱体的各种模型和参数面板

6. 管状体

这里的管状体是圆管道，相当于从一个大的圆柱体中挖去了一个同轴的小圆柱体，因此部分参数与圆柱体类似，只是在参数设定和修改时多了【内径】，管状体的各种模型和参数面板如图 2-36 所示。

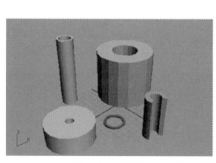

图 2-36 管状体的各种模型和参数面板

7. 圆环

圆环也叫面包圈，是由一个圆面围绕一根与该圆在同一平面内的直线旋转一周得到的几何体，圆环的各种模型和参数面板如图 2-37 所示。

图 2-37　圆环的各种模型和参数面板

8. 四棱锥

四棱锥的各种模型和参数面板如图 2-38 所示。

图 2-38　四棱锥的各种模型和参数面板

9. 茶壶

茶壶的各种模型和参数面板如图 2-39 所示。

图 2-39　茶壶的各种模型和参数面板

面板中部分主要参数含义如下。

【茶壶部件】：包含【壶体】、【壶把】、【壶嘴】和【壶盖】4 个复选框，可以选择茶壶 4 个组成部分中的一部分或几部分。

10．平面

平面被细分成很多网格，可创建长方形和正方形。平面的各种模型和参数面板如图 2-40 所示。

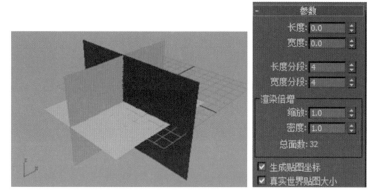

图 2-40　平面的各种模型和参数面板

面板中部分主要参数含义如下。

【缩放】、【密度】：控制渲染时的缩放和密度。

【总面数】：显示平面物体一共具有多少个网格面。

2.2.2　扩展基本体

单击命令面板的【创建 / 几何体】按钮，在其下拉列表中选择【扩展基本体】选项，进入创建【扩展基本体】命令面板。这里提供了 13 种扩展基本体，如图 2-41 所示。它们与前面讲述的【标准基本体】相似，只是形状较为复杂。在学习过程中可通过调整各参数，来观察物体外观的变化情况。图 2-42 是通过扩展基本体创建的基本形状。

图 2-41　扩展基本体

图 2-42　通过扩展基本体创建的基本形状

1．异面体

异面体是扩展基本体中较为简单的一种，其各种模型和参数面板如图 2-43 所示。

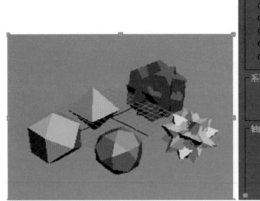

图 2-43　异面体的各种模型和参数面板

面板中部分主要参数含义如下。

【系列】：提供了 5 种不同形状的异面体。

【系列参数】：通过 P 和 Q 的值切换点和面的位置。

【轴向比率】：通过 P、Q、R 3 个值改变物体自身不同程度上的缩放。

【顶点】：提供了 3 个选项，分别用于控制顶点所处的位置。

【半径】：直接控制异面体的大小。

2．环形结

环形结是由圆环通过打结得到的扩展基本体，其各种模型和参数面板如图 2-44 所示。

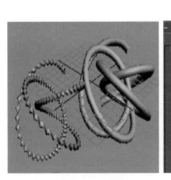

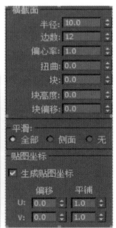

图 2-44　环形结的各种模型和参数面板

面板中部分主要参数含义如下。

（1）基础曲线

【结】、【圆】：只能选择其一，以确定几何体的外观。

【P】、【Q】：变换环形结的形状（选择【结】时，两个选项才有效）。

【扭曲数】、【扭曲高度】：用于控制扭曲的数量和高度（选择【圆】时，两个选项才有效）。

（2）横截面

【半径】：设置环形结的截面半径。

【边数】：设置截面沿圆周方向的分段数。

【偏心率】：设置截面对圆的偏离程度，偏心率越接近 1，就越接近圆形。系统默认值为 1。

【扭曲】：设置环形结表面扭曲的程度。

【块】：设置整个环形结上肿块的数目。

【块高度】：设置环形结上肿块的高度。

【块偏移】：设置环形结上起始肿块偏离距离，随着该值的增大，各肿块依次向后推进，但仍保持距离相同，好像环形结在旋转一样，由此构成动画。

（3）平滑

用来选择环形结表面平滑处理的方式。

（4）贴图坐标

【生成贴图坐标】：选中后，环形结表面可以进行贴图处理。可设置偏移、平铺在 U、V 两个方向上的参数值。

3．切角长方体

切角长方体的各种模型和参数面板如图 2-45 所示。

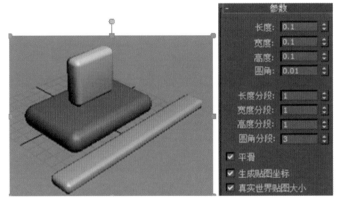

图 2-45　切角长方体的各种模型和参数面板

面板中部分主要参数含义如下。

【圆角】：设置切角长方体的圆角半径，确定切角的大小。

【圆角分段】：如果段数小于 3，圆角不光滑。

4．切角圆柱体

切角圆柱体的各种模型和参数面板如图 2-46 所示。各参数的含义及设置方法与切角长方体类似。

5．油罐

油罐的各种模型和参数面板如图 2-47 所示，各参数的含义及设置方法与前面所讲的几种扩展基本体类似，读者可通过设置不同的参数观察图形的变化，进行学习。

6．胶囊

胶囊的各种模型和参数面板如图 2-48 所示，各参数的含义及设置方法与前面所讲的几种扩展基本体类似，读者可通过设置不同的参数观察图形的变化，进行学习。

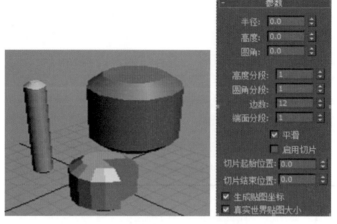

图 2-46　切角圆柱体的各种模型和参数面板

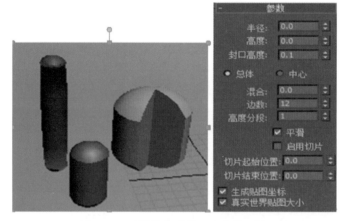

图 2-47　油罐的各种模型和参数面板

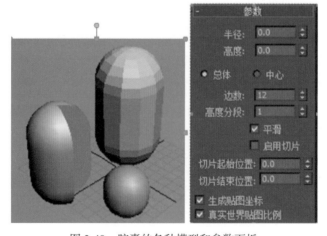

图 2-48　胶囊的各种模型和参数面板

7．纺锤

纺锤的各种模型和参数面板如图 2-49 所示，各参数的含义及设置方法与前面所讲的几种扩展基本体类似，读者可通过设置不同的参数观察图形的变化，进行学习。

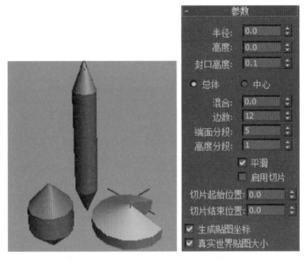

图 2-49　纺锤的各种模型和参数面板

8．球棱柱

球棱柱的各种模型和参数面板如图 2-50 所示，各参数的含义及设置方法与前面所讲的几种扩展基本体类似，读者可通过设置不同的参数观察图形的变化，进行学习。

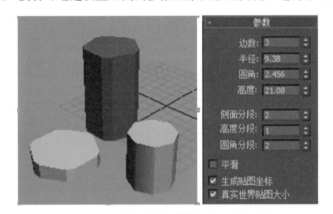

图 2-50　球棱柱的各种模型和参数面板

9．L-Ext

L-Ext 的各种模型和参数面板如图 2-51 所示，各参数的含义及设置方法与前面所讲的几种扩展基本体类似，读者可通过设置不同的参数观察图形的变化，进行学习。

10．C-Ext

C-Ext 的各种模型和参数面板如图 2-52 所示，各参数的含义及设置方法与前面所讲的几种扩展基本体类似，读者可通过设置不同的参数观察图形的变化，进行学习。

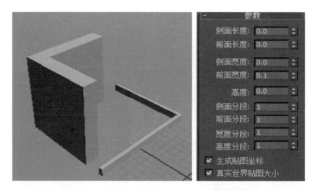

图 2-51　L-Ext 的各种模型和参数面板

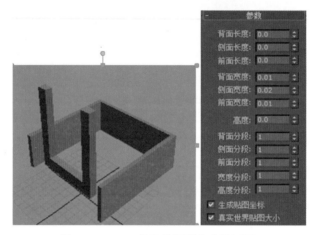

图 2-52　C-Ext 的各种模型和参数面板

11．环形波

环形波的各种模型和参数面板如图 2-53 所示，各参数的含义及设置方法与前面所讲的几种扩展基本体类似，读者可通过设置不同的参数观察图形的变化，进行学习。

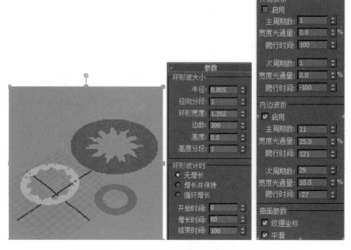

图 2-53　环形波的各种模型和参数面板

12．软管

软管的各种模型和参数面板如图 2-54 所示，各参数的含义及设置方法与前面所讲的几种扩展基本体类似，读者可通过设置不同的参数观察图形的变化，进行学习。

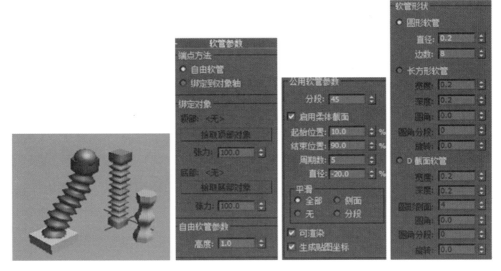

图 2-54　软管的各种模型和参数面板

13．棱柱

棱柱的各种模型和参数面板如图 2-55 所示，各参数的含义及设置方法与前面所讲的几种扩展基本体类似，读者可通过设置不同的参数观察图形的变化，进行学习。

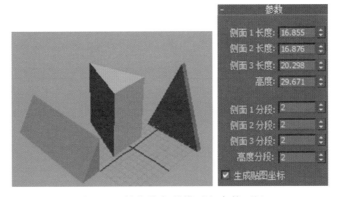

图 2-55　棱柱的各种模型和参数面板

2.2.3　其他模型标准件

1．门、窗

单击命令面板的【创建 / 几何体】按钮，在其下拉列表中选择【门】，进入创建门的命令面板，如图 2-56 所示。如果在其下拉列表中选择【窗】，则进入创建窗的命令面板，如图 2-57 所示。

图 2-56　创建门的命令面板　　　　　　图 2-57　创建窗的命令面板

3ds MAX 2018 提供了 3 种类型的门：枢轴门、推拉门和折叠门。枢轴门仅在一侧装有铰链；推拉门有一半固定，另一半可以进行推拉；折叠门在中间和侧端装有铰链，如图 2-58 所示。

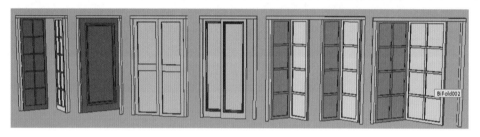

图 2-58　枢轴门、推拉门和折叠门

3ds MAX 2018 提供了 6 种类型的窗户：遮篷窗、平开窗、固定窗、旋开窗、伸出式窗和推拉窗。遮篷窗有一扇通过铰链与顶部相连；平开窗有一到两扇像门一样的窗，可以向内或向外转动；固定窗是不能打开的窗；旋开窗垂直或水平转动的轴心位于窗框的中心；伸出式窗有三扇窗，其中的两扇窗打开时像反向的遮篷；推拉窗有两扇窗，其中一扇窗可以沿着垂直或水平方向滑动，如图 2-59 所示。

图 2-59　遮篷窗、平开窗、固定窗、旋开窗、伸出式窗和推拉窗

2．AEC 扩展

AEC 扩展的模型标准件主要有植物、栏杆、墙，如图 2-60 所示。

图 2-60　AEC 扩展的模型标准件

3．楼梯

3ds MAX 2018 提供了 4 种类型的楼梯：直线楼梯、L 型楼梯、U 型楼梯和螺旋楼梯，创建楼梯的命令面板如图 2-61 所示。创作者可以根据实际需要设置相应的参数，制作不同的楼梯，如图 2-62 所示。

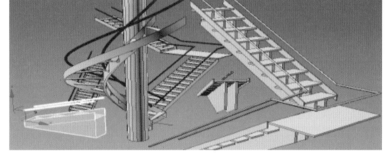

图 2-61　创建楼梯的命令面板　　　　　　　图 2-62　不同的楼梯

2.3　制作桌椅

本节主要学习 3ds MAX 2018 常用工具和基本体的使用。案例的基本操作可扫描二维码观看。更多关于基本建模方法的教学视频可扫描封底二维码下载学习。

2.3.1　冻结对象

❶ 打开本书配套素材文件夹中的 2-3-1.max 文件。

❷ 为了防止误操作，需要将场景中的凉亭进行冻结。所谓冻结就是将场景中特定的三维物体固定，任何操作都不会对其产生影响。被冻结的物体将呈灰色。

❸ 单击命令面板上的 按钮，进入【显示】命令面板。

❹ 展开【冻结】卷展栏，单击【冻结未选定对象】按钮，将场景中所有未被选择的物体进行冻结。

2.3.2　创建椅子

❶ 单击命令面板的【创建 / 几何体】按钮，选择【扩展基本体】，在【对象类型】卷展栏中

单击【切角长方体】按钮。在顶视图中靠近凉亭中心左侧位置，按住鼠标左键向下拖曳，创建一个切角长方体，具体位置如图 2-63 所示。然后在【修改】命令面板调整其参数，如图 2-64 所示。

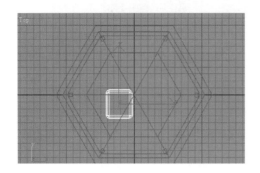

图 2-63　创建一个切角长方体

图 2-64　调整参数

❷ 单击【主工具栏】中的 ✛ 按钮，再单击顶视图中切角长方体的 x 轴，同时按住 Shift 键和鼠标左键，向左复制一个切角长方体，在随后出现的克隆选项中单击选择【复制】方式，并单击【确定】按钮。

❸ 进入【修改】命令面板，修改新复制的切角长方体的参数，如图 2-65 所示。

❹ 将光标移动至前视图，并单击右键，将此视图激活。按住视图控制区中的 ▦ 按钮，选择 ▦（所有视图最大化显示选定对象），将前视图中选中的切角长方体满屏显示，这样可以方便创作者更精确地调节位置。

图 2-65　修改新复制的切角长方体的参数

❺ 在透视视图中选择椅子靠背对象，单击【主工具栏】的对齐工具，再单击椅子座位对象，在打开的对话框中先选择【Y 位置】，进行对齐，单击【应用】按钮，接着选择【Z 位置】，单击【应用】按钮，最后选择【X 位置】，单击【确定】按钮，各位置的对齐方式如图 2-66 所示，对齐结果如图 2-67 所示。

图 2-66　各位置的对齐方式

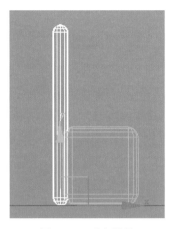

图 2-67　对齐结果

2.3.3　创建桌子

❶ 与创建椅子的第 1 步类似，创建一个【切角圆柱体】，进入【修改】命令面板，修改切角圆柱体的参数，如图 2-68 所示。

❷ 激活左视图，再单击视图控制区中的按钮，将所有视图最大化显示。将光标移动到左视图中切角圆柱体的 y 轴上，并将其移动至欲放置桌子的位置。

❸ 利用前面所讲方法复制一个切角圆柱体，进入其【修改】命令面板，修改新复制的切角圆柱体的参数，如图 2-69 所示。

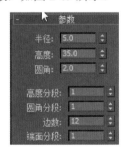

图 2-68　修改切角圆柱体的参数

图 2-69　修改新复制的切角圆柱体的参数

❹ 利用对齐工具将两个切角圆柱体调整到合适的位置，如图 2-70 所示。

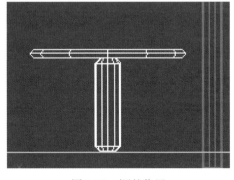

图 2-70　调整位置

2.3.4 解冻并保存

❶ 进入【显示】命令面板，展开【冻结】卷展栏，单击【全部解冻】按钮，将场景中所有物体解冻。

❷ 单击视图控制区中的按钮，将 4 个视图中的所有物体全部全屏显示，最终结果如图 2-71 所示。

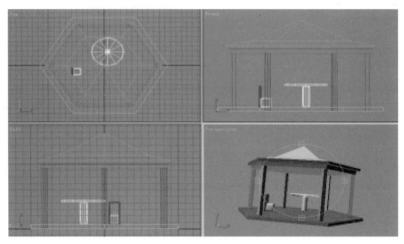

图 2-71　最终结果

❸ 单击菜单中的【文件 / 保存】按钮，将场景保存为 2-3-2.max。

2.4　软管与圆管的连接

本节主要学习软管与圆管的连接，案例的基本操作可扫描二维码观看。更多关于基本建模方法的教学视频可扫描封底二维码下载学习。

❶ 选择标准基本体中的【管状体】，创建一个 10cm×15cm×20cm 的【圆管 01】，再按住 Shift 键复制一个【圆管 02】。

❷ 选择扩展基本体中的【软管】，创建一个软管，在【修改】命令面板中调整参数，圈数增至 12，软管直径为 30。三者最终的形状如图 2-72 所示。

❸ 端点方法选择【绑定到对象轴】选项，单击【拾取顶部对象】按钮后，双击【圆管 01】，单击【拾取底部对象】按钮后，双击【圆管 02】。分别调整拾取对象按钮下的【张力】值，可改变软管的弯曲度。修改后的效果可参考图 2-73。最后将场景保存为 2-4-1.max。

图 2-72　三者最终的形状　　　　　图 2-73　修改后的效果

2.5 思考与练习

1．参照 2.2 节中各种模型的效果图，学习掌握各种基本体的常用参数。

2．怎样对物体进行冻结和解冻？

3．茶壶物体是由哪几部分组成的？

4．分别用标准基本体和扩展基本体制作以下模型：

（1）方形的桌子；

（2）简单的衣柜；

（3）房间；

（4）电视；

（5）汽车。

5．【异面体】包含哪些类型的物体？

03 基本的修改命令

本章提要

修改命令面板

常用的修改命令

制作茶几：锥化、弯曲、切片修改命令的使用

制作台灯：扭曲、锥化修改命令的使用

制作沙发：弯曲、编辑网格修改命令的使用

制作摩天大楼：综合应用

3.1 修改命令概述

【修改】就是对物体进行一种操作，让物体从一个样子变为另一个样子。与其他软件不同，3ds MAX 在对物体赋予一个修改后，不只保存物体修改后的结果，同时还保存了物体最初状态的信息和修改的信息，从而可以在任何时候对修改进行增加、删除、调整等操作。

3.1.1 修改命令面板

单击命令面板中的【修改】按钮，即可以进入【修改】命令面板，如图 3-1 所示。

【修改】命令面板最上方是当前选择物体的【名称】和【颜色】。在 3ds MAX 中，系统会自动为每个对象命名并赋予一种颜色。如果没有特殊命名，系统一般用名称＋编号的形式为对象命名。在默认状态下，对象的颜色是由系统随机生成的，创作者可以单击颜色方块改变对象的颜色。

下方是【修改器列表】，其中包含所有修改器，部分修改器如图 3-2 所示。

【修改器堆栈】位于【修改器列表】的下方，用于查看创建物体的过程记录，并可对其进行相应操作。【修改器堆栈】是 3ds MAX 建模和编辑操作过程的存储区域。在 3ds MAX 中创建的每一个物体都有自己的【修改器堆栈】。在此区域还包括【修改命令开关】和【显示 / 隐藏子层级对象】按钮。

【修改器堆栈】按钮包括如下 5 个。

- 【锁定堆栈】按钮 ：将修改器堆栈中的内容锁定在当前对象上，即使选择了其他对象，修改器堆栈内容也不改变。
- 【显示最终效果开 / 关切换】按钮 ：在此按钮关闭的情况下，如果没有选择修改器堆栈中的最后一个命令，被选择的对象只显示当前命令的效果，不显示最后的效果，在单击打开此按钮的情况下，即使没有选择修改器堆栈中的最后一个命令，被选择的对象也会显示最终的效果。
- 【使唯一】按钮 ：可以将原来关联的被选择对象各自独立修改。
- 【从堆栈中移除修改器】按钮 ：将当前修改命令从堆栈中删除。

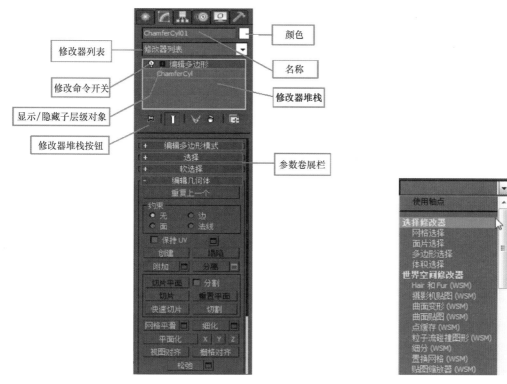

图 3-1 【修改】命令面板　　　　　图 3-2 部分修改器

·【配置修改器集】按钮：可以利用弹出的菜单配置修改命令面板。

【修改】命令面板的最下方是被选择物体的【参数卷展栏】，包括物体的创建参数和修改参数。

3.1.2 常用的修改命令

在 3ds MAX 中有几十种修改命令，每种修改命令的功能、使用方法和参数都不相同。与修改相关的操作都是在【修改】（Modify）命令面板中进行的。

以下为部分常用的修改命令及其作用。

1.【弯曲】修改

使物体产生弯曲。

2.【补洞】修改

覆盖物体上的空洞。洞的定义是一条循环的边，每条边只有一个面。洞不必是平面的。

3.【晶格】修改

把物体的边用圆柱体代替，顶点用多面体代替，产生特殊的框架效果。

4.【融化】修改

模拟物体在高温下融化的效果。

5.【镜像】修改

产生物体的镜像物体。它与主工具栏上的镜像（Mirror）按钮的区别是：【镜像】修改是一个修改，具有修改的全部特性。

6．【噪声】修改

使物体产生一种无规则的起伏变化。

7．【倾斜】修改

使物体向某个方向倾斜。

8．【切片】修改

可以将物体分割成两个部分，而且还可以移去其中的一个部分。

9．【锥化】修改

使物体的一头变尖或者变粗。

10．【扭曲】修改

使物体产生扭曲。

11．【置换】修改

根据一个图像或者贴图对物体进行变形。图片为白色的地方凸起，图片为黑色的地方凹下。

12．【X 变换】修改

即把对物体的变换（移动、旋转、缩放）转化为修改。变换转化为修改后就可以像使用修改一样使用变换，这在某些场合中是很有用的。物体赋予【X 变换】修改后，对 Gizmo 进行变换，就相当于变换了物体。

13．【FFD】修改

FFD 是 Free Form Deformation（自由变形）的简称，它通过控制点在整体上控制物体的变形。FFD 适合物体较大范围的、平滑的变形，而不太适合物体细节的改变（物体细节的改变可以使用【编辑网格】修改）。

14．【法线】修改

调整物体的法线。

15．【优化】修改

在尽量保持物体外形不变的前提下，减少组成物体的小平面的数量。

16．【编辑网格】修改

能够在各个子物体层次上对多边形物体进行修改，是精细修改多边形物体的主要方法。理论上使用【编辑网格】修改能够产生任何形状的多边形物体，但实际上由于工作量非常大，几乎不可能做到。如果将一个多边形物体转化为可编辑网格物体，那么这个物体不必赋予【编辑网格】修改就能够直接使用【编辑网格】修改的各种功能。

17．【选择网格】修改

把【编辑网格】修改的选择功能提取出来形成的单独的修改。【选择网格】修改的子物体一共有 5 个，分别与多边形物体的 5 个构成要素对应。

18．【体积选择】修改

与【选择网格】修改类似，【体积选择】修改允许选择子物体，然后将选择传递给上面的

修改。区别在于【选择网格】修改的是固定的子物体，而【体积选择】修改的是一个 Gizmo
框住的子物体，而不是固定的子物体。

3.2 制作茶几

本节通过制作茶几学习【锥化】、【弯曲】、【切片】修改命令的使用，案例的基本操作可
扫描二维码观看。更多关于修改模型的方法的教学视频可扫描封底二维码下载学习。

3.2.1 制作茶几腿

❶ 创建一个【圆柱体】，参数如图 3-3 所示。右键单击工具栏的【移动】按钮，弹出
【移动变换输入】窗口，如图 3-4 所示。在【绝对：世界】坐标系栏输入（0,0,0），将圆柱体移
至（0,0,0）处。使用修改构造模型时，应该把分段数设置得足够大，以得到一个平滑的结果。

图 3-3　圆柱体参数

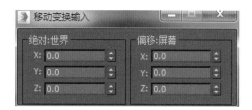

图 3-4　【移动变换输入】窗口

❷ 选择圆柱体，在其【修改】命令面板中单击【修改器列表】右侧的三角，在展开的列
表中选择【锥化】（Taper）修改，设置【数量】为 5，【曲线】为 –3，【锥化】修改后的结果如
图 3-5 所示。（注：由于软件版本差异，部分命令名称可能为中文或英文，读者可对应翻译理
解。）

❸ 与以上操作类似，再给圆柱体赋予一个【弯曲】（Bend）修改，设置【角度】为 90，
【弯曲】修改后的结果如图 3-6 所示。

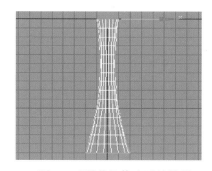

图 3-5　【锥化】修改后的结果

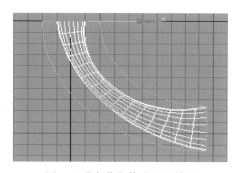

图 3-6　【弯曲】修改后的结果

❹ 再给圆柱体赋予一个【切片】修改，单击修改器堆栈中【切片】左侧的 +，选择其子
物体【切片平面】，用与第 1 步类似的方法将其移动到（0,0, –100）的位置，在修改器堆栈中

单击【切片】命令，从子物体级返回上一级。

❺ 如图3-7所示，在【切片】命令下的【切片参数】中选择【移除底部】选项，移除底部后的茶几腿如图3-8所示。【切片】修改沿着水平方向把物体的底部切掉一块，让茶几腿的底部变成平的。

图 3-7　选择切片类型

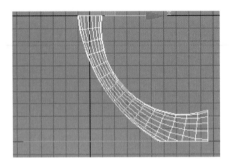

图 3-8　移除底部后的茶几腿

3.2.2　复制茶几腿

❶ 选择茶几腿物体，单击命令面板的【层次】按钮 ![icon]，进入【层次】命令面板，再选择【轴】，在其下的【调整轴】卷展栏中选择并单击【仅影响轴】按钮，此时视图中的茶几腿上会出现其中心点的坐标轴，用【移动】工具将其移动到茶几的中心位置，再次单击【仅影响轴】按钮。

❷ 执行菜单【工具/阵列】，在弹出的【阵列】对话框中填入适当的参数，如图3-9所示。再创建一个【切角圆柱体】作为桌面，创建桌面后的效果如图3-10所示。

图 3-9　【阵列】对话框

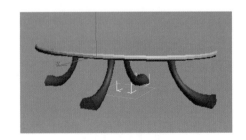

图 3-10　创建桌面后的效果

❸ 选择当前视图为透视视图，调整视角，单击工具栏的【渲染产品】按钮 ![icon]，在打开的

窗口中可将渲染结果保存为多种类型（如 JPG、BMP 等）的静态帧（图片）。

❹ 在 3ds MAX 中保存场景文件为 3-2-1.max。

3.3　制作台灯

本节通过制作台灯来学习【扭曲】、【锥化】修改命令的使用，案例的基本操作可扫描二维码观看。更多关于修改模型的方法的教学视频可扫描封底二维码下载学习。

3.3.1　制作灯座

❶ 单击【快速访问工具栏】的 按钮，选择【重置】命令，重新设定系统。

❷ 在顶视图中心位置创建一个【圆柱体】，参数如图 3-11 所示。

❸ 按住 按钮，选择【挤压】按钮 。将光标放在顶视图中圆柱体的 x 轴或 y 轴上，沿一个方向按住鼠标进行拖曳，将圆柱体放大成椭圆状，如图 3-12 所示。

图 3-11　参数

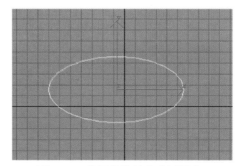

图 3-12　将圆柱体放大成椭圆状

❹ 单击【创建】命令面板中的【长方体】按钮，并选择【自动栅格】选项，在顶视图中椭圆顶面的右侧创建一个长方体，修改参数，如图 3-13 所示。

❺ 进入【修改】命令面板，在修改器列表中为长方体施加一个【扭曲】（Twist）修改。修改【参数】卷展栏中的【角度】为 720。此时，长方体产生了一个扭曲，扭曲后的长方体如图 3-14 所示。

图 3-13　修改参数

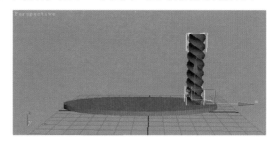

图 3-14　扭曲后的长方体

❻ 再选择【修改器】命令面板中的【扭曲】命令，为长方体再施加一个【扭曲】修改。修改【参数】卷展栏中的【角度】为 360。

❼ 单击【修改器堆栈】中扭曲旁的 +，选择【中心】选项。

❽ 单击主工具栏中的【移动】按钮，将光标放在顶视图中【扭曲】修改中心的 x 轴上，按住鼠标左键向左拖曳。单击【中心】选项，将其关闭。此时，长方体产生了一个新的扭曲，

如图 3-15 所示。

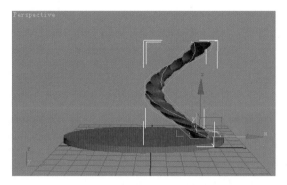

图 3-15　长方体产生了一个新的扭曲

3.3.2　制作灯罩等

❶ 回到【创建】命令面板，取消【自动栅格】选项，在顶视图中创建一个【球体】，修改参数，如图 3-16 所示，使之成为一个半球体。顶视图中球体的位置如图 3-17 所示。

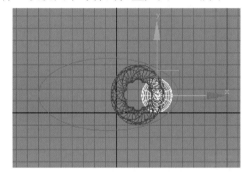

图 3-16　修改参数　　　　　　　　　　图 3-17　顶视图中球体的位置

❷ 单击【创建】命令面板中的【管状体】按钮，勾选【自动栅格】选项，将光标放在透视视图中扭曲长方体的顶面上，同时观察前视图或左视图，跟随光标的轴心点应位于长方体的顶面，并且 z 轴向上。在此位置上创建一个【管状体】，其参数如图 3-18 所示。

❸ 进入【修改】命令面板，选择【锥化】修改，并将【参数】面板中的【数量】修改为 -0.7。此时，灯罩制作完成，形状如图 3-19 所示。

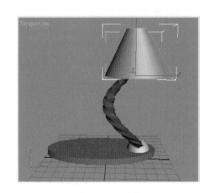

图 3-18　参数　　　　　　　　　　　　图 3-19　形状

❹ 利用前面所讲方法，在底座顶面左侧再创建一个【茶壶】，【茶壶】的半径为 20，注意使用【自动栅格】选项。

❺ 再利用前面所讲方法，为【茶壶】添加一个【锥化】修改，将【曲线】值修改为 –2。此时，台灯创建完毕，形状如图 3-20 所示。

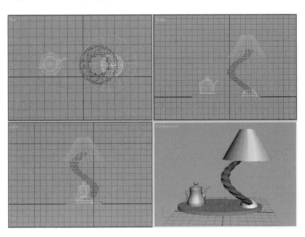

图 3-20　形状

❻ 在 3ds MAX 中保存场景文件为 3-3-1.max。

3.4　制作沙发

本节通过制作沙发来学习【弯曲】、【编辑网格】修改命令的使用，案例的基本操作可扫描二维码观看。更多关于修改模型的方法的教学视频可扫描封底二维码下载学习。

3.4.1　制作沙发垫板

❶ 在顶视图中创建一个【长方体】，【长】为 60，【宽】为 180，【高】为 2，作为沙发的靠背垫板。在左视图中按住 Shift 键，沿旋转轴的外圈旋转长方体，然后松开鼠标，在弹出的对话框中选择【复制】，复制一个长方体，作为沙发的坐垫板。将创建的长方体移动到合适的位置，如图 3-21 所示。

❷ 在左视图中创建一个【切角长方体】，【长】为 60，【宽】为 60，【高】为 18，【圆角】为 7，将其移动到扶手的位置，如图 3-22 所示。

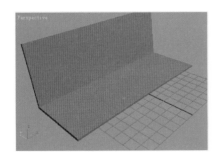

图 3-21　移动长方体

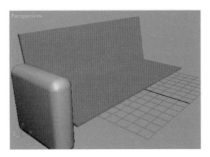

图 3-22　创建一个【切角长方体】

❸ 在【修改】命令面板中，单击【弯曲】按钮，设置【角度】为127，【方向】为90，【弯曲轴】为 y 轴，修改后的效果如图 3-23 所示。

❹ 在主工具栏中单击【镜像】按钮 🔳，在弹出的对话框中选择【实例】类型，单击【确定】按钮。再将复制的切角长方体移动到另一侧扶手位置，复制后的扶手效果如图 3-24 所示。

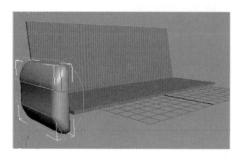

图 3-23　修改后的效果

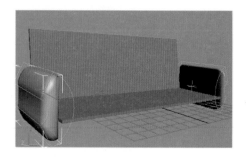

图 3-24　扶手效果

3.4.2　制作沙发垫

❶ 在顶视图中创建一个【切角长方体】作为沙发垫，设置【长】为60，【宽】为60，【高】为15，【圆角】为7，【长度分段】为10，【宽度分段】为10，如图 3-25 所示。

❷ 在视图中单击右键，在弹出的快捷菜单中选择【转换为可编辑网格】，将切角长方体塌陷成网格物体。

❸ 在【修改】命令面板中，进入子物体级，在【选择】卷展栏中选中【忽略背面】。再按 Ctrl 键，在顶视图中选择 4 个点，如图 3-26 所示。

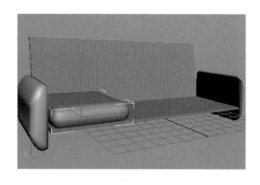

图 3-25　创建一个【切角长方体】

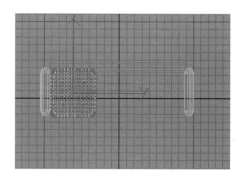

图 3-26　选择 4 个点

❹ 在【软选择】卷展栏中勾选【使用软选择】，【衰减值】（Falloff）为 9，在前视图中使用【移动】工具沿 y 轴向下移动一段距离，形成装饰软垫的凹陷，如图 3-27 所示。

❺ 退出【顶点】子物体级，按住 Shift 键，用【移动】工具在顶视图中向右以【实例】类型复制两个软垫。

❻ 选择菜单中【组／组】命令，将 3 个坐垫群组。使用【旋转】工具，按住 Shift 键以公共坐标轴心为轴心旋转复制出一组作为沙发背上的靠垫，制作好的沙发如图 3-28 所示。将结果保存为 3-4-1.max。

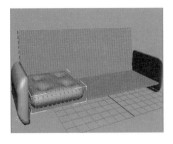

图 3-27　形成装饰软垫的凹陷

图 3-28　制作好的沙发

3.5　制作摩天大楼

本节通过制作摩天大楼来综合学习【扭曲】、【FFD】、【编辑多边形】、【壳】等几种修改命令的使用，案例的基本操作可扫描二维码观看。更多关于修改模型的方法的教学视频可扫描封底二维码下载学习。

3.5.1　创建摩天大楼对象

❶ 单击菜单【自定义 / 单位设置】，打开【单位设置】对话框，单击【系统单位设置】按钮，打开【系统单位设置】对话框，设置【系统单位比例】处的单位为米，单击【确定】按钮关闭对话框，再在【单位设置】对话框中将【显示单位比例】中的【公制】设置为米，如图 3-29 所示。

❷ 在透视视图中创建一个【长方体】，并命名为【楼主体】，参数如图 3-30 所示。

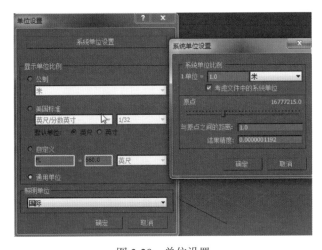

图 3-29　单位设置

图 3-30　【楼主体】参数

❸ 从修改器列表中选择【锥化】修改，【数量】设置为 –0.45，【曲线】设置为 –0.9。

❹ 再选择【扭曲】修改，【角度】和【偏移】分别设置为 90 和 45，设置后的效果如图 3-31 所示。

❺ 从【修改器列表】中选择【FFD（长方体）】，设置参数，控制点数【长度】为 2，【宽度】为 2，【高度】为 7。

❻ 在修改器堆栈中单击 +，展开【FFD（长方体）】修改器层级，选择【控制点】级别。

❼ 在前视图中创建蛇形效果。使用【选择工具】，按下鼠标拖出一个长方形，选择控制点顶行，然后按住 Ctrl 键并按下鼠标拖出另一个长方形，选择控制点的第 4 行，然后用【移动】工具将选择对象略微向右移动，如图 3-32 所示。

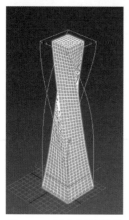

图 3-31　设置后的效果

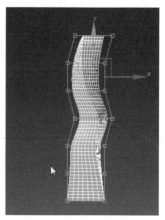

图 3-32　创建蛇形效果

❽ 单击修改器堆栈中的主修改器【FFD（长方体）2×2×7】，退出 FFD 控制点子物体级。

3.5.2　添加窗棂

❶ 单击菜单【编辑 / 克隆】，在打开的对话框中选择【参考】，复制一个【参考】对象，将其重新命名为【窗棂】。

❷ 选中窗棂对象，右键单击视口，从弹出的四元菜单中选择【孤立当前选择】。然后从【修改器列表】中选择【编辑多边形】。

❸ 在【选择】卷展栏单击【多边形】按钮，按 Ctrl+A 组合快捷键选择建筑物中的所有多边形。

❹ 在【编辑多边形】卷展栏中单击【插入】按钮右侧的【设置】按钮，如图 3-33 所示。3ds MAX 2018 将显示插入工具的 Caddy 控件，如图 3-34 所示，从第 1 个 Caddy 控件的下拉列表中选择【按多边形】，将第 2 个 Caddy 控件的值改为 0.3m，然后单击 ⊘ 按钮。

图 3-33　单击【设置】按钮

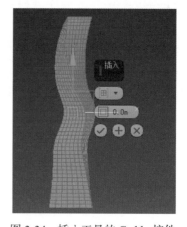

图 3-34　插入工具的 Caddy 控件

⑤ 按 Delete 键移除选定的多边形，但保留其插入。在【选择】卷展栏单击 ■ 按钮，将其禁用并退出【多边形】选择模式。

⑥ 从【修改器列表】中选择【壳】修改，在【参数】卷展栏中将【外部量】设置为0.3m，修改后的效果如图 3-35 所示。

⑦ 在视口中单击右键，从弹出的四元菜单中选择【结束隔离】，【结束隔离】后的效果如图 3-36 所示。

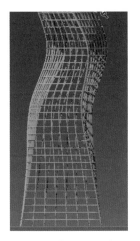 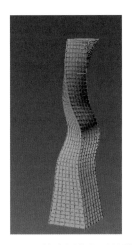

图 3-35　修改后的效果　　　　　　图 3-36　【结束隔离】后的效果

3.5.3　创建金属外壳

① 选择楼的主体对象，在【修改】命令面板的【修改器堆栈】中单击每个修改器左侧的灯泡图标，以禁用这些修改器效果。

② 单击菜单【编辑 / 克隆】，在打开的对话框中选择【参考】，复制一个【参考】对象，并将其重新命名为【金属外壳】，然后单击【确定】按钮。

③ 选定外壳对象，右键单击活动视口，在弹出的四元菜单中选择【孤立当前选择】。

④ 在【修改器列表】中选择【编辑多边形】，然后单击【多边形】。

⑤ 在透视视图中的 ViewCube 上单击【前】，然后右键单击 ViewCube，并从弹出的菜单中选择【正交】。

⑥ 在【选择】卷展栏中确定已禁用【忽略背面】（默认设置为禁用）。

⑦ 使用选择对象工具，按住 Ctrl 键并拖动鼠标选中需要的多边形，再按住 Alt 键并单击鼠标，从选择中移除不需要的多边形，该操作目的是选定模型正面和背面的多边形。按 Delete 键删除建筑物正面和背面所有选定的多边形，结果如图 3-37 所示。

⑧ 使用 ViewCube 更改到建筑物的【左】视图，使用上述同样方法，将【金属外壳】的另外一侧正面和背面的一些多边形选中，按 Delete 键删除多边形。按 P 键，转换为显示【透视】视图，【透视】视图中的效果如图 3-38 所示。

⑨ 在【选择】卷展栏中单击【边】，在外壳的同一层，按住 Ctrl 键并单击，在建筑物的每个角选择 4 条垂直边，在【选择】卷展栏中单击【循环】按钮，此时完全选定了【金属外壳】的全部 4 条边。

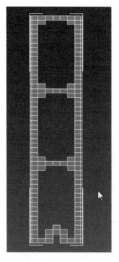

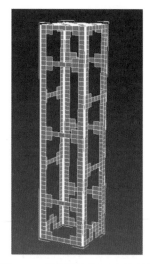

图 3-37　删除多边形　　　　　　　　图 3-38　【透视】视图中的效果

⑩ 在【编辑边】卷展栏中单击【切角】按钮右侧的【设置】按钮，3ds MAX 2018 将显示【切角】工具的 Caddy 控件。在 Caddy 控件中，将第 1 个控件【数量】设置为 2m，这样可以设置创建切角的宽度。将第 2 个控件【分段】设置为 4，可以将切角的区域分为 4 段，分段设置越多，边缘越圆滑。最后单击 ✅ 按钮完成设置。再次单击【边】按钮，退出【边】子物体级。为 4 条垂直边做切角后的效果如图 3-39 所示。

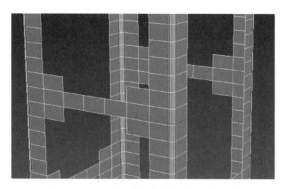

图 3-39　为 4 条垂直边做切角后的效果

⑪ 在【修改器列表】中选择【外壳】修改，并在【参数】卷展栏中将【外部量】的值设置为 2m，使金属外壳可有 2m 厚度。

⑫ 在视口中单击右键，从弹出的四元菜单中选择【结束隔离】。在【修改器堆栈】中启用先前禁用的 3 个修改器：【FFD（长方体）2×2×7】、【扭曲】和【锥化】。

3.5.4　建筑物应用材质

❶ 按 H 键，打开【从场景选择】对话框，选择【楼主体】对象，单击【确定】按钮，如图 3-40 所示。

❷ 在主工具栏中单击【材质编辑器】按钮 📇，打开【Slate 材质编辑器】窗口。在【材质编辑器】菜单栏上，打开【选项】菜单并禁用【将材质传播到实例】，如图 3-41 所示。

图 3-40 【从场景选择】对话框

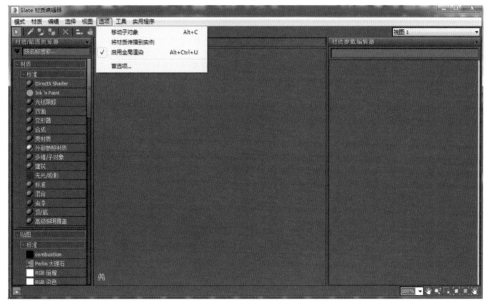

图 3-41 禁用【将材质传播到实例】

❸ 在【材质/贴图浏览器】的【示例窗】部分找到玻璃材质,然后将其拖动到视图 1。3ds MAX 2018 会询问将其作为副本还是实例,选择【实例】,然后单击【确定】按钮。

❹ 在【Slate 材质编辑器】窗口的工具栏上单击【将材质指定给选定对象】按钮 ,将玻璃材质应用到玻璃对象。

❺ 再次按 H 键,选择【金属外壳】对象。在视图 1 中单击玻璃材质,使其高亮显示,然后按 Delete 键。这样就可以从活动材质视图中移除玻璃材质,但不会从场景中移除。

❻ 在【示例窗】部分找到金属材质,将其拖动到视图 1。在【Slate 材质编辑器】的视图面板中,拖动金属材质节点右侧的圆形控件(也称为输出套接字)到视图场景中,即将金属材质指定给了该物体,这是指定材质的另一种方法,如图 3-42 所示。金属材质的效果如图 3-43 所示。

❼ 再次按 H 键,选择【窗棂】对象。在【示例窗】部分找到窗棂材质,然后使用上一步描述的方法将其应用于窗棂对象,然后关闭【Slate 材质编辑器】。

❽ 确保【透视】视图激活,然后单击【渲染产品】按钮,渲染后的效果如图 3-44 所示。

图 3-42　指定材质的另一种方法

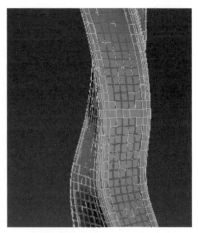

图 3-43　金属材质的效果

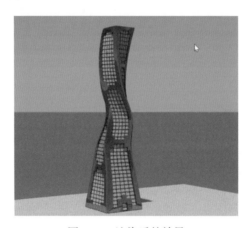

图 3-44　渲染后的效果

❾ 将文件保存为 3-5-1.max。

3.6　思考与练习

1. 【锥化】、【弯曲】、【扭曲】、【切片】修改命令的基本功能是什么？

2. 查阅资料学习掌握更多的修改命令。

3. 创建静物写生模型（场景文件自行保存，后续还会使用），要求：

（1）包括门、窗、楼梯、桌子、桌子上的静物；

（2）静物建模要求使用标准基本体与扩展基本体，并使用基本的修改命令；

（3）对单个物体的构成零件的细节和各部分的大小比例进行仔细观察，模型的整体外形要美观；

（4）对物体之间的位置关系、大小比例关系等进行仔细观察，场景的布置要美观、谐调；

（5）使用不同的视角对场景进行渲染，比较各种效果图；

（6）最后选择其中两张满意的效果图提交。

使用二维图形建立三维模型

本章提要
二维图形简介
二维图形的创建与修改
从二维曲线到三维实体
静物模型的制作：挤出、车削修改器的使用
书柜的制作：综合练习
一盘水果的制作：NURBS 建模方法
桅灯的制作：样条线建模综合应用

4.1 二维图形简介

4.1.1 二维样条线

二维样条线是创建三维图形的基础，在 3ds MAX 2018 的命令面板中提供了一些基本的二维样条线，可先通过这些基本图形的绘制，逐步过渡到复杂图形的绘制，进而创作出理想的图形。二维样条线是由一条或多条曲线组成的平面图形，而每一条曲线都是由节点和与节点相连的线段组合而成的，调整图形中节点的数值就可以使曲线的某一条线段变成弯曲状或变成直线。

二维样条线是 3ds MAX 2018 中内置的标准平面图形，单击【创建】按钮██，再单击【图形】按钮██，就会弹出如图 4-1 所示的【样条线】面板，3ds MAX 2018 提供了 12 种样条线，以下为简要介绍。

图 4-1 【样条线】面板

1. 线

【线】是由节点组成的，它是 3ds MAX 2018 中最简单的图形。单击【对象类型】卷展栏中的【线】按钮，然后在视图中单击，确定第 1 个节点，再拖动鼠标确定第 2 个节点，以此类推，确定其他节点，最后单击右键，完成直线的创建。在命令面板中，可以修改线的名称和颜色。

【线】主要包括【创建方法】、【键盘输入】、【插值】和【渲染】卷展栏。

（1）【创建方法】卷展栏

【创建方法】卷展栏如图 4-2 所示，【初始类型】用来设置单击方式下经过点的线段形式，包括【角点】和【平滑】；【拖动类型】用来设置单击并拖动方式下经过点的线段形式，包括【角点】、【平滑】和【Bezier】。【角点】会让经过该点的曲线以该点为顶点组成一条折线；【平滑】会让经过该点的曲线以该点为顶点组成一条平滑的幂函数曲线；【Bezier】则会让经过该点的曲线以该点为顶点组成一条 Bezier 曲线。

（2）【键盘输入】卷展栏

【键盘输入】卷展栏如图 4-3 所示。在 3ds MAX 2018 中，有很多图形都可以直接用键盘输入，这样可以精确定位创作者需要的点、中心或图形等，为绘图带来方便。【线】的键盘输入可用【X】、【Y】、【Z】定位一个点的位置，在每输入一个点的坐标后单击【添加点】按钮，最后单击【完成】按钮，完成直线的绘制。若最后需要线段闭合，则可单击【关闭】按钮。

图 4-2 【创建方法】卷展栏

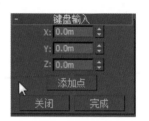

图 4-3 【键盘输入】卷展栏

（3）【插值】卷展栏

【插值】卷展栏如图 4-4 所示。【插值】是二维物体具有的一种优化方式，当二维物体平滑时，可以通过插值的方式使曲线更加平滑。【步数】设定线段中间自动生成的折点数，若值为 0，则【平滑】无效，即每段都是直线。【优化】设定是否允许系统自动选择参数进行优化设置。【自适应】设定是否允许系统适应线段的不封闭或不规则。

（4）【渲染】卷展栏

【渲染】卷展栏如图 4-5 所示，功能是对二维图形进行渲染着色。在默认状态下，二维线形在渲染时是看不到的，必须勾选相应的显示渲染选项，二维线才可以在渲染时显示出来。而三维物体在一般情况下渲染是可见的。其中【厚度】表示显示时直径的大小。

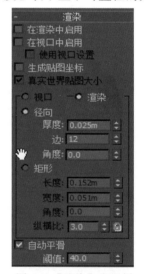

图 4-4 【插值】卷展栏

图 4-5 【渲染】卷展栏

2．矩形

【矩形】的卷展栏如图 4-6 所示，其中【渲染】、【插值】与【线】中功能相同，【键盘输

入】卷展栏应根据矩形的尺寸通过键盘进行输入。【创建方法】卷展栏包括【边】和【中心】
两种方式,其中【边】方式是先确定一边,再移动光标到另一边;【中心】方式是先确定中心,
再移动光标确定边的位置。【参数】卷展栏中说明了矩形的基本尺寸,其中【角半径】表示圆
角半径。图 4-7 为各种矩形图案。

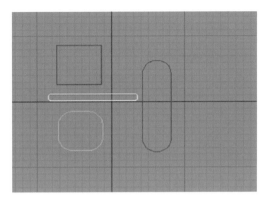

图 4-6 【矩形】的卷展栏　　　　　　　　　　图 4-7　各种矩形图案

3. 圆、椭圆、圆环

【圆】的卷展栏如图 4-8 所示。【圆】的创建比较简单,它只有唯一的参数,即【半径】。
【椭圆】与圆类似,它的长、宽不等,其卷展栏如图 4-9 所示。
【圆环】是两个不同半径的同心圆,其卷展栏如图 4-10 所示。

图 4-8 【圆】的卷展栏　　　图 4-9 【椭圆】的卷展栏　　　图 4-10 【圆环】的卷展栏

4. 弧

【弧】能够创建出各种各样的圆弧和扇形,其卷展栏如图 4-11 所示。
【创建方法】卷展栏中有【端点 - 端点 - 中央】和【中间 - 端点 - 端点】两种创建圆弧的方
式,其中【端点 - 端点 - 中央】是先确定弦长,再确定半径;【中间 - 端点 - 端点】是先确定半
径,再移动光标确定弧长。
【参数】卷展栏可以调整弧的形状,其中【从】、【到】两个参数可以改变弧的开口方向
和弧长。若选择了【饼形切片】复选项,圆弧会增加两条半径,变为扇形。图 4-12 是用【弧】
画出的各种形状。

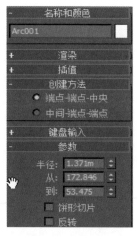

图 4-11　【弧】的卷展栏

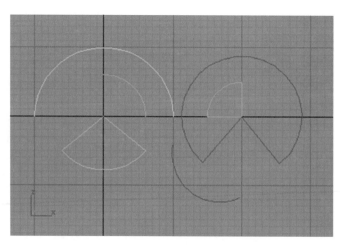

图 4-12　用【弧】画出的各种形状

5．多边形

【多边形】的卷展栏如图 4-13 所示。【参数】卷展栏中【半径】用于设定正多边形的半径；【内接】、【外接】两个单选按钮指【半径】参数表示的是内接圆的半径还是外接圆的半径，系统默认值为【内接】；【边数】用于设定正多边形的边数；【角半径】用于设定切角半径；如果选择了【圆形】复选项，多边形就会变成圆形。图 4-14 是用【多边形】画出的各种形状。

图 4-13　【多边形】的卷展栏

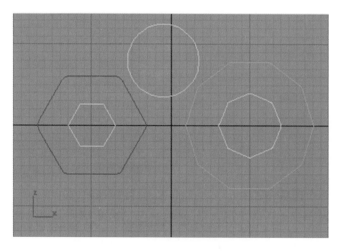

图 4-14　用【多边形】画出的各种形状

6．星形

【星形】的卷展栏如图 4-15 所示。【参数】卷展栏中【半径 1】指星形图形中心到外圈凸角顶点的距离；【半径 2】指星形图形中心到内圈凹角顶点的距离；【点】用于设定星形的角数；【扭曲】用于设定星形各角扭曲的程度；【圆角半径 1】、【圆角半径 2】分别指凸角圆角的半径和凹角圆角的半径。图 4-16 是用【星形】画出的各种形状。

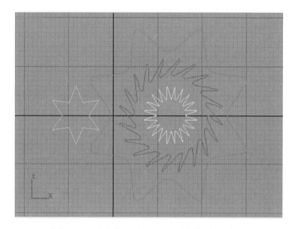

图 4-15 【星形】的卷展栏　　　　　图 4-16　用【星形】画出的各种形状

7. 文本

3ds MAX 2018 允许用户在视图中直接加入【文本】，并且提供了相应的文字编辑功能。单击【文本】按钮，再在视图中单击即可添加文本。【文本】的卷展栏如图 4-17 所示。选择【手动更新】复选框，将取消系统的自动更新。

8. 螺旋线

【螺旋线】是线条图形中唯一的三维空间图形，其卷展栏如图 4-18 所示。【圈数】用于设定螺旋线旋转的圈数；【偏移】用于设定螺旋线各圈之间的间隔程度，使其疏密程度发生变化，该值的取值范围是 0 ~ 1，越接近 0，底部越密，越接近 1，顶部越密，系统默认值为 0。【顺时针】、【逆时针】两个单选按钮用于设定螺旋线的旋转方向。

图 4-17 【文本】的卷展栏　　　　　图 4-18 【螺旋线】的卷展栏

9. 卵形

【卵形】能够创建出各种像鸡蛋一样的形状，其卷展栏如图 4-19 所示。【参数】卷展栏中，【长度】和【宽度】两个参数可以限制卵形曲线轮廓的最大范围，但其比例是固定的 3∶2。若选择【轮廓】复选项，此时【厚度】参数可用，卵形会增加一条以【厚度】数值为距离的轮廓线，【角度】是卵形纵向对称轴与 y 轴的夹角。图 4-20 是用【卵形】画出的各种形状。

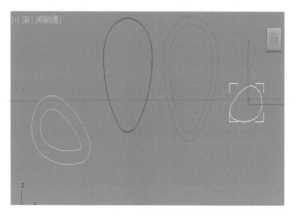

图 4-19　【卵形】的卷展栏　　　　　图 4-20　用【卵形】画出的各种形状

10. 截面

【截面】是通过截取三维造型来获得二维图形的。当这个截面穿过一个三维物体时，会显示出其与三维物体的相交部分，如图 4-21 所示。【截面】的卷展栏如图 4-22 所示，单击【创建图形】按钮，可以得到这个截面与三维物体的相交部分的样条曲线。此样条曲线一旦生成，便独立存在。【截面参数】卷展栏【更新】中的 3 个单选按钮都是对截面的更新，此时单击【更新截面】按钮可更新截面，再单击【创建图形】按钮，又可生成新的样条曲线。

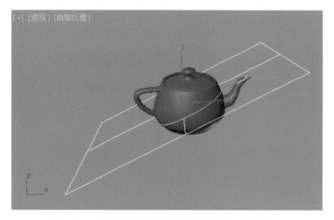

图 4-21　截面与三维物体的相交部分为黄色　　　　图 4-22　【截面】的卷展栏

4.1.2 NURBS 曲线和扩展样条线

NURBS 是 Non-Uniform Rational B-Splines（非均匀有理 B 样条）的缩写。NURBS 曲线和曲面在自然界中不存在，且没有普通手工绘图的对应，其纯粹是计算机三维图形学里的一个数学概念。

【NURBS 曲线】有牢固的数学基础，因此容易操作，且非常有效和稳定，这是它能够广泛使用的前提。

【扩展样条线】提供了建筑设计建模时常用的一些图形。

1. NURBS 曲线

【NURBS 曲线】是一维曲线，可以从 NURBS 曲线中创建 NURBS 物体，也可把 NURBS 曲线应用于其他使用样条线的地方。NURBS 曲线有两种，分别为：点曲线（Point Curve）和 CV 曲线（CV Curve）。

点曲线与样条线曲线类似，它通过若干个位于曲线上的点来决定曲线的形状，移动点可以改变曲线的形状。点曲线的最大问题是根据点的位置无法唯一地确定 NURBS 曲线。点曲线的存在只是为了在某些场合提供方便。图 4-23 是点曲线的创建参数，图 4-24 是点曲线的卷展栏。

图 4-23　点曲线的创建参数　　　图 4-24　点曲线的卷展栏

NURBS 技术主要使用的曲线是 CV 曲线。CV 曲线使用控制点来控制曲线的形状，控制点能够确定唯一的 NURBS 曲线形状。控制点并不位于曲线上，而是与曲线保持比较近的距离，调整控制点以一种不同于样条线曲线的方式来影响曲线的形状。控制点还有一个特性，即权重（Weight），其功能是决定各个控制点对曲线的影响程度。将一个点的权重加强，可以让曲线被这个点"吸"过去（即接近），显得这个点比别的点更重要，反之又可以让曲线被"推"出去（即远离）。图 4-25 是 CV 曲线的创建参数，图 4-26 是 CV 曲线的卷展栏。

2. 扩展样条线

【扩展样条线】可以创建墙矩形、通道、角度、T 形和宽法兰，如图 4-27 所示。图 4-28 是使用【扩展样条线】绘制的各种形状。各种【扩展样条线】的使用可在后续案例中继续学习。

图 4-25　CV 曲线的创建参数

图 4-26　CV 曲线的卷展栏

图 4-27　扩展样条线

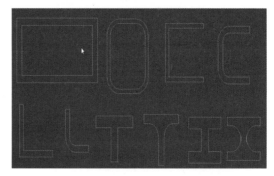

图 4-28　使用【扩展样条线】绘制的各种形状

4.2　二维图形的创建与修改

4.2.1　创建复合二维图形

通常情况下的二维图形都是由一条以上的曲线构成的，因此，需要在基本二维图形的基础上创建复合二维图形。

3ds MAX 2018 提供了 3 种创建复合二维图形的方法：

❶ 可以直接利用【圆环】或【文本】等创建复合二维图形；

❷ 通过关闭【开始新图形】模式创建复合二维图形；

❸ 使用【编辑样条线】命令将曲线添加到一个已经存在的二维图形上。

4.2.2　二维图形的修改

建好二维图形后可对一些不足之处进行修改。先选中创建好的曲线，进入【修改】命令面板，在【修改器列表】中选择【编辑样条线】命令，进入编辑二维图形的模式。单击面板中【编辑样条线】旁的 +，展开子物体级，包括：顶点、分段、样条线，可选择不同子物体级进行修改，如图 4-29 所示。

1. 对【顶点】进行修改

单击【选择】卷展栏中的【顶点】按钮[图]，就可对曲线中的每个顶点进行编辑。

（1）顶点的属性

3ds MAX 2018 中生成的曲线，每个曲线顶点的属性都是【平滑】、【角点】、【Bezier】、【Bezier 角点】四者之一，其含义如下。

【平滑】：顶点两侧线段在顶点处是平滑的。

【角点】：顶点两侧线段在顶点处呈一个尖角。

【Bezier】：顶点两侧线段在顶点处是平滑的，且通过修改手柄可以调节顶点处曲线的曲率。

【Bezier 角点】：顶点的一侧是 Bezier 属性，另一侧是角点属性。

这几种类型的顶点，每种类型之间是可以相互转换的。右键单击曲线顶点，将弹出如图 4-30 所示的快捷菜单，选择要转换的类型即可。

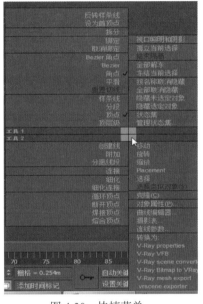

图 4-29　编辑样条线　　　　　　　　图 4-30　快捷菜单

（2）顶点的变换

进入修改状态后，在主工具栏中选择移动、旋转和缩放工具，就可以对顶点进行平移、旋转和缩放变换。在对顶点进行旋转和缩放操作时，实际上是对顶点的手柄进行操作，因此，只有对【Bezier】、【Bezier 角点】进行旋转和缩放操作才有意义。

（3）顶点的常用操作

【焊接】可以将同一个对象中的两个顶点焊接为一个。在视图中选择相邻的两个断开的顶点，单击【焊接】按钮，就可将两个顶点合并成一个。

【连接】可在两个顶点中间连一条线。操作时，先单击【连接】按钮，然后再将一个顶点拖到另一个顶点上即可。

【插入】可以实现插入新顶点。操作时，先单击【插入】按钮，再在曲线的某处单击，就可插入一个点。

【断开】可以实现切断线段。操作时，先选择欲断开处，再单击【断开】按钮即可。

2．对【分段】进行修改

线段是两点之间的连线，它是介于顶点和样条线之间的对象，单击修改面板的【选择】卷展栏中的【分段】按钮，即可进入修改状态。

（1）分段的属性

分段有两种，即【直线】和【曲线】。在视图中选择一条线段，单击右键，就可以修改其属性。

（2）分段的常用操作

【断开】可以将选定的线段断开。操作时，应先单击【断开】按钮，然后在线段中的适当位置单击即可。

【优化】可以将线段变得更加连续、平滑。

【插入】可以实现在线段中插入线段，其实质也是通过增加顶点数来增加线段数。

3．对【样条线】进行修改

【样条线】是二维对象子物体级的最高级。样条线的修改方法有多种，这里介绍常用的修改。

【插入】是通过增加顶点数实现的，与顶点、分段的插入类似。

【轮廓】是通过样条线生成轮廓线，在建筑效果图中应用非常普遍。使用方法是：单击【几何体】卷展栏中的【轮廓】按钮，在视图中选择要操作的样条线，再拖动鼠标即可。也可在【轮廓】按钮后面的文本框中直接输入数值。如果不选【中心】选项，则生成的轮廓线是以当前对象为中心，向两侧派生的。

【镜像】分为 3 种情况，即水平镜像、垂直镜像和水平垂直镜像。与主工具栏中的镜像工具用法相同，不同之处在于，样条线的镜像是对样条线的局部中心进行镜像，与变换中心无关，且镜像后的对象与原样条线是一个整体。

【删除】的使用方法是：先选中要删除的样条线，在【几何体】卷展栏中单击【删除】按钮即可，或是按 Delete 键也可以进行删除。

【布尔运算】分为 3 种，即并集、差集和交集。

4.3　制作花瓶与酒杯

本节通过制作花瓶与酒杯学习样条线的绘制，并利用【车削】修改器修改二维图形，生成三维造型，案例的基本操作可扫描二维码观看。更多关于样条线建模的教学视频可扫描封底二维码下载学习。

❶ 单击【快速访问工具栏】的 按钮，选择【重置】命令，重新设定系统。

❷ 在前视图中创建一条【线】，用于制作花瓶，如图 4-31 所示。

❸ 按住 Shift 键不放，在前视图中沿 x 轴向右拖动这条线（line01），松开鼠标，在弹出的对话框中选择【复制】，然后单击【确定】按钮，复制一条【线】（line02），这条线用于制作酒杯，如图 4-32 所示。

❹ 在前视图中选中 line01，单击【修改】命令按钮，选择【顶点】子物体级，在前视图中拖动鼠标，使 line01 的顶点都处于选中状态，然后在红点处单击右键，在弹出的菜单中选择【Bezier】项，以便对 line01 进行调整，如图 4-33 所示。

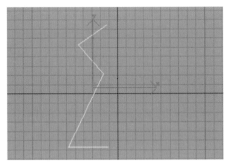

图 4-31　创建一条【线】

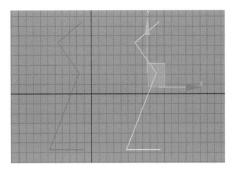

图 4-32　复制一条【线】

⑤ 确保【顶点】处于黄色打开状态，在前视图中调整 line01 上各点，调整后的形状如图 4-34 所示，为花瓶的剖面轮廓线。

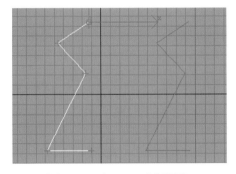

图 4-33　对 line01 进行调整

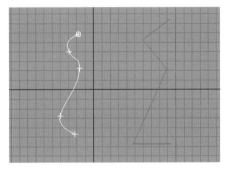

图 4-34　调整后的形状

⑥ 在命令面板上选择【样条线】子物体级，然后选择【轮廓】项，在前视图中拖动 line01，使 line01 变成如图 4-35 所示的曲线形状，最后关闭【样条线】子物体级。

⑦ 进入【修改】命令面板，选择【车削】修改器，为曲线进行旋转造型，在【车削】的【参数】卷展栏中，单击【对齐】中的【最小】按钮，如图 4-36 所示。

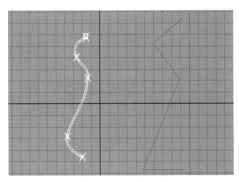

图 4-35　曲线形状

图 4-36　【参数】卷展栏

67

⑧ 使用同样的方法，使 line02 形成酒杯轮廓线，如图 4-37 所示。同样使用【车削】修改器，制作酒杯，这时的酒杯可能看起来比较大，可以使用主工具栏中的缩放工具将酒杯的大小调整到合适的尺寸。调整后的花瓶与酒杯如图 4-38 所示。

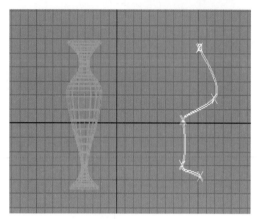

图 4-37　酒杯轮廓线

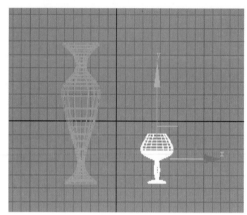

图 4-38　调整后的花瓶与酒杯

⑨ 保存文件为 4-3-1.max。

4.4　制作书柜

本节通过制作书柜综合使用了 3ds MAX 2018 中的几种常用工具，并通过样条线的绘制、复合运算功能，利用【挤出】等命令生成三维物体，案例的基本操作可扫描二维码观看。更多关于样条线建模的教学视频可扫描封底二维码下载学习。

4.4.1　用标准基本体制作四周挡板

❶ 单击【快速访问工具栏】的 按钮，选择【重置】命令，重新设定系统。先进行单位设置。选择菜单【自定义 / 单位设置】命令，在弹出的对话框中将系统单位和显示单位均设置为厘米。

❷ 建立书柜的后挡板。在【创建】命令面板中的标准基本体中找到【长方体】按钮并单击，在前视图中自左上方至右下方拉出一个长方体。选中长方体并切换到【修改】命令面板。在名称栏将其重命名为【后挡板】，在【参数】卷展栏中，分别把【长】、【宽】、【高】改为 118、78、2，单击视图控制区的【所有视图最大化显示】按钮，将场景中的物体全部居中显示。

❸ 制作书柜的左挡板。在【创建】命令面板中的标准基本体中找到【长方体】按钮并单击，在其下的【键盘输入】卷展栏中输入【长】、【宽】、【高】的参数，如图 4-39 所示，单击【创建】按钮，将其重命名为【左挡板】。

❹ 将左挡板与后挡板对齐。切换到透视视图，先选中左挡板，按 Alt+A 组合快捷键激活对齐功能，接着单击后挡板即可弹出对齐对话框。【对齐位置（世界）】选择【X 位置】，【当前对象】（左挡板）选择【最小】，【目标对象】（后挡板）选择【最大】，然后单击【应用】按钮，如图 4-40 所示。接着【对齐位置（世界）】分别选择【Y 位置】和【Z 位置】，【当前对象】和【目标对象】都选【最大】，单击【确定】按钮。观察对齐后的效果。

图 4-39　输入参数

图 4-40　对齐设置

❺ 制作书柜的右挡板。在顶视图中，选中左挡板，然后将鼠标定位在左挡板坐标指示器的 x 轴上（此时 x 轴为黄色），这样移动操作将被限定在 x 轴上。按住 Shift 键，使用移动工具拖动左挡板，在随后打开的对话框中选择【复制】，即可复制出右挡板，然后再用精确对齐的方式把右挡板与后挡板的右端对齐，透视视图场景如图 4-41 所示。

❻ 制作书柜的顶挡板、底挡板。先在前视图中创建一个任意大小的【长方体】，然后切换到【修改】命令面板，将【长】、【宽】、【高】分别改为 25、82、3（制作模型前最好先画出它的草图，并标好尺寸）。然后切换到透视视图，将顶挡板与后挡板对齐。注意：如果以两个物体为中心对齐，那么先一次性选中【X 位置】、【Y 位置】、【Z 位置】进行对齐，然后把对齐方式都设置为【中心】方式即可，只需要一次对齐操作。根据不同情况，两个物体之间进行对齐最少需要一次，最多需要三次。对齐的次数取决于对齐方式有几种及具体的对齐要求。另外，对齐位置是相对于当前视图而言的。

❼ 利用移动复制的功能由顶挡板复制出底挡板，不过底挡板比顶挡板略小，可在【修改】命令面板中将底挡板的【长】、【宽】、【高】分别改为 25、78、3。利用对齐功能将底挡板对齐到其他挡板的底部。这时从透视视图中可以看到书柜的雏形，如图 4-42 所示。

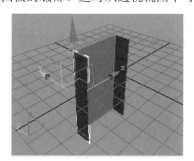

图 4-41　透视视图场景

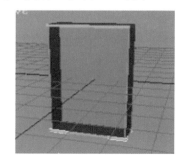

图 4-42　书柜的雏形

4.4.2　编辑、绘制柜门的样条线

❶ 在前视图创建一个任意大小的矩形，按一次 W 键（也是开关键）使前视图单屏显示，以获得更大的工作空间。切换到【修改】命令面板，在【矩形】的参数卷展栏，将【长】、【宽】分别改为 118、38.5，创建的矩形如图 4-43 所示。

❷ 确认选中矩形，使用【移动】工具，再按住 Shift 键，并向下拖动鼠标，会发现又产生了一个新的矩形，然后松开 Shift 键和鼠标，这时将弹出【克隆】对话框，选择【复制】，单击

【确定】按钮，就可以复制出一个新的矩形。在【修改】命令面板中将新复制的矩形的【长】、【宽】分别修改为 90、25，如图 4-44 所示。

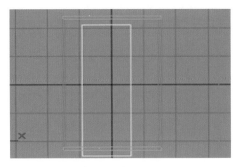
图 4-43　创建的矩形

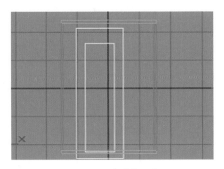
图 4-44　复制矩形

❸ 为了使书柜显得更美观，需要把内部矩形上面的边修改成弧形，有如下两种修改方法：
使用【编辑样条线】修改器；
选择曲线并单击右键，在出现的快捷菜单中选择【转换为可编辑的样条线】。
　　添加修改器的优点在于可以回到上一级别进行再次编辑或修改。例如，增加【编辑样条线】修改器后，还可以回到几何体的级别去修改矩形的初始参数（如长、宽）等，缺点是占用的内存较多，存盘后的文件相对较大。而直接转化为可编辑的样条线的优点是操作方便，但是这样做就不能再回到物体的原始状态修改原始参数了。为了给以后的修改留有空间，建议初学者选择添加修改器进行修改。

❹ 在【修改】命令面板中选择【编辑样条线】，在【选择】卷展栏中选择【分段】，在前视图中选择内部矩形的上边，按 Delete 键删除此边，删除后的效果如图 4-45 所示。

❺ 可在主工具栏中单击【三维捕捉】按钮 进行捕捉操作，也可以在按钮上直接单击右键，打开【栅格和捕捉设置】窗口进行细节设置，如图 4-46 所示。

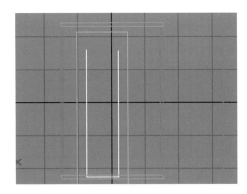
图 4-45　删除边后的效果

图 4-46　【栅格和捕捉设置】窗口

❻ 在【样条线】面板中单击【弧】按钮，在前视图中，由于三维捕捉的锁定作用，很容易就可以在内部矩形的左上角顶点与右上角顶点之间创建一条向上弯曲的弧，然后按 S 键关闭三维捕捉，利用三维捕捉创建弧的效果如图 4-47 所示。

❼ 但是由于两个矩形与后来创建的弧不是同一个样条线里的形体，所以无法产生想要的三维物体，因此必须将其结合。先选中内部矩形，在【修改】命令面板中的【几何体】卷展栏

中单击【附加】按钮，然后在前视图中分别单击外部矩形和弧，则三者完成结合，结合效果如图 4-48 所示。

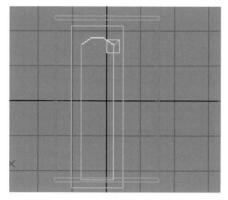

图 4-47　利用三维捕捉创建弧的效果

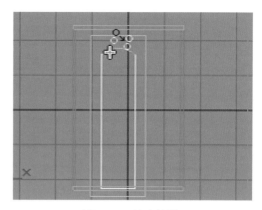

图 4-48　　结合效果

❽ 虽然两个矩形与一个弧结合成一个形体，但是弧的端点与内部矩形上部的两个顶点仅仅是重合而已，并没有被焊接到一起。因此，可以选择【顶点】子物体级，然后选中内部矩形上部的一个顶点及与其相邻的弧的一端顶点，单击【焊接】按钮，这样就可以将两个顶点焊接到一起了。使用同样的方法可以焊接内部矩形与弧衔接的另一侧顶点，然后关闭编辑样条线的子物体级。

4.4.3　制作门板

❶ 选中绘制的玻璃门样条线，并增添一个【挤出】修改器，设置【数量】为 2cm，带有空洞的面板（左门板）就创建好了。

❷ 接下来需要将此面板与左挡板对齐。当前物体为面板，目标物体为左挡板（屏幕上左侧挡板）。经过以下步骤就可以实现面板的精确定位：

首先在前视图设置【对齐位置（世界）】为【X 位置】（也就是水平方向），【当前对象】和【目标对象】的对齐方式均选择【最小】；

然后在前视图设置【对齐位置（世界）】为【Y 位置】（也就是垂直方向），【当前对象】和【目标对象】的对齐方式均选择【中心】；

最后在前视图设置【对齐位置（世界）】为【Z 位置】（也就是在垂直于这个平面的方向），【当前对象】的对齐方式选择【轴点】，【目标对象】的对齐方式选择【最大】。

❸ 设置后，透视视图中场景如图 4-49 所示。

❹ 在前视图创建一个任意大小的【长方体】作为门上的玻璃，在【修改】命令面板中将【长】、【宽】、【高】分别修改为 108、30、1（比中间的空洞大一些即可）。然后在前视图中以玻璃物体为当前物体，以左门板为目标物体，【对齐位置（世界）】为【X 位置】、【Y 位置】和【Z 位置】，【当前对象】和【目标对象】的对齐方式均为【中心】对齐，对齐后的玻璃如图 4-50 所示。

❺ 在前视图创建一个任意大小的【圆锥体】作为门把手，将【修改】命令面板中【参数】卷展栏中的【半径 1】、【半径 2】、【高度】值分别修改为 0.5、1.5、4。然后使用三个平面视图，将门把手移动到左门板的右侧中心处。

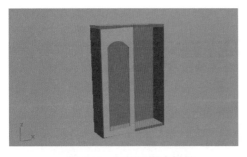

图 4-49　透视视图中场景

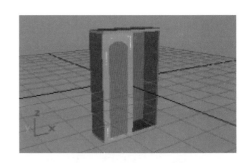

图 4-50　对齐后的玻璃

❻ 圆锥体的门把手边缘过于尖锐，可以为其添加一个【网格平滑】修改器。将该修改器【细分量】卷展栏下的【迭代次数】改为 2，即可将把手变平滑。不过需要慎用【网格平滑】修改器，因为在其对物体进行平滑的同时会增加大量的三角形面片，大大降低设备的运算速度。

❼ 按住 Ctrl 键，然后分别单击左门板、门上玻璃与门把手，同时选中三者，选择菜单【组 / 组】命令，使这三个物体成为一个组。此时，如果还使用 Shift 复制方式，那么复制的门板上的把手位置就会出错。因此，最好使用镜像复制的方式。切换到前视图，选择【工具 / 镜像】命令，打开对话框进行参数设置，如图 4-51 所示，完成镜像复制操作。完成的书柜模型如图 4-52 所示。

图 4-51　参数设置

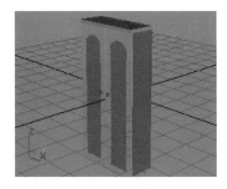

图 4-52　完成的书柜模型

❽ 保存文件为 4-4-1.max。

4.4.4　书柜的材质

本节主要给出书柜材质的重要参数，有关材质编辑器的详细使用方法读者可在本书第 6 章具体学习。

❶ 书柜框（除去玻璃部分）的材质类型为【标准】，阴影类型为【Blinn】，在【漫反射颜色】通道使用【位图】贴图类型，选一张木质纹理图。因为门板、玻璃、把手已经成为一体（成组的原因），因此无法单独选中门板、把手或玻璃，需要选择【组 / 打开】命令，使成组的物体暂时独立。然后在透视视图中利用 Ctrl 键多选所有玻璃，再执行【编辑 / 反选】命令，对所选物体进行反选，则可选中除玻璃以外的所有物体，将材质赋给选中的所有物体即可。

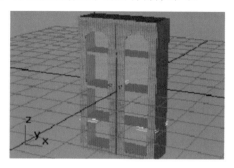

❷ 普通的玻璃材质设置的关键在于玻璃透明度的设置，将【透明度】修改为 35 左右，并将【漫反射】的颜色改为较亮的白色就可以了。

❸ 在前视图中，将书柜底挡板复制 3 块，作为书柜内部隔层挡板，并定好位。由于隔层挡板一般没有底挡板那么厚，因此可将其厚度改为 2，添加贴图后的书柜模型如图 4-53 所示。

❹ 最后执行【组 / 关闭】命令关闭临时打开的组，并将文件保存为 4-4-2.max。

图 4-53　添加贴图后的书柜模型

4.5　制作一盘水果

本节通过制作一盘水果介绍 3ds MAX 2018 的 NURBS 建模方法，案例的基本操作可扫描二维码观看。更多关于 NURBS 建模的方法可扫描封底二维码下载学习。

4.5.1　制作模型

1.　制作玻璃碗

❶ 单击命令面板【创建 / 图形】按钮，再单击【样条线】旁的下拉按钮，在下拉菜单中选择【NURBS 曲线】，如图 4-54 所示，在命令面板的【对象类型】中可选择建立 NURBS 曲线的种类。

❷ 单击【CV 曲线】按钮，在前视图中绘制一条曲线作为玻璃碗的侧视截面图形，如图 4-55 所示。

图 4-54　NURBS 曲线

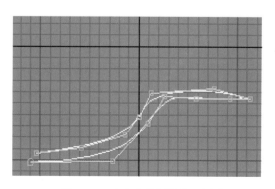

图 4-55　玻璃碗的侧视截面图形

❸ 切换到【修改】命令面板，单击【常规】卷展栏中的【NURBS 创建工具箱】按钮即可打开 NURBS 工具面板，如图 4-56 所示。在面板中单击【建立旋转表面】按钮，在前视图中单击玻璃碗的侧视截面图形，完成玻璃碗的造型，如图 4-57 所示。

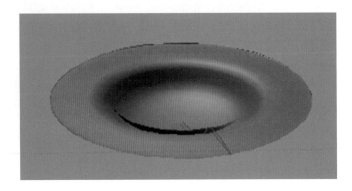

图 4-56　NURBS 工具面板　　　　　　　　　　　图 4-57　玻璃碗的造型

2．制作水果

❶ 使用上述同样的方法，再次单击【CV 曲线】按钮。

❷ 在前视图中绘制一条曲线，作为苹果的侧视截面图形，如图 4-58 所示。

❸ 打开【修改】命令面板，打开 NURBS 工具面板，单击【建立旋转表面】按钮，再单击苹果的侧视截面图形，完成苹果的制作，如图 4-59 所示。

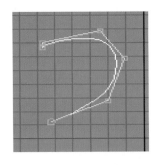

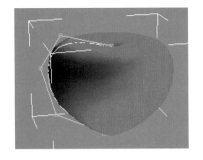

图 4-58　苹果的侧视截面图形　　　　　　　　　图 4-59　完成的苹果

❹ 如对生成的物体不满意，可在其【修改】命令面板的修改器堆栈中单击【NURBS 曲线】旁的 +，对其子物体级加以编辑，方法与编辑样条线基本相同。如果生成的物体看起来有问题，可能的原因是绘制的曲线经过旋转后没有生成封闭的曲面。对于不封闭的曲面，在 3ds MAX 的视图中只能看见其一面，随后对其赋予双面的材质就可以看见另一面了。还有一种方法是对物体施加一个【法线】修改命令，然后在面板中单击【翻转法线】按钮，将其法线翻转就可以解决问题了。

❺ 在命令面板单击【层次】按钮，打开【层次】命令面板，单击【仅影响轴】按钮，然后单击【对齐到对象中心】按钮。观察视图，此时苹果的轴心点已经自动移动到自身中心，以便后续进行物体的旋转操作。

❻ 再次单击【对齐到对象中心】按钮，将其关闭。在主工具栏中单击【旋转】按钮，在

顶视图中将光标放在苹果的 y 轴上，向上拖动，在前视图中使苹果适当倾斜。

❼ 使用同样的方法绘制其他水果的侧视截面图形，如图 4-60 所示，并使用【建立旋转表面】功能生成三维物体，三维物体效果如图 4-61 所示。

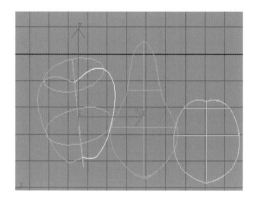

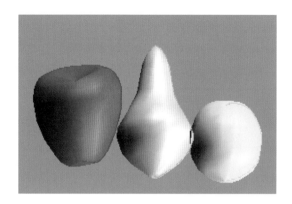

图 4-60　水果的侧视截面图形　　　　　图 4-61　三维物体效果

3. 制作水果梗

❶ 打开【创建】命令面板，单击【CV 曲线】按钮，然后在前视图中绘制一条曲线作为苹果梗。

❷ 然后修改这条曲线的属性为可渲染方式。进入【修改】命令面板，在面板下部打开【可渲染】选项，打开此选项后可以渲染曲线，输入【厚度】值为 1（该值需根据所建物体的大小确定）。在顶视图中将苹果梗移动到苹果中心，在前视图中将其移动到合适的高度。

❸ 使用同样的方法制作其他水果的梗，最后保存文件为 4-5-1.max。

4.5.2　添加材质

本节主要给出材质的重要参数，有关材质编辑器的详细使用方法读者可在本书第 6 章具体学习。

1. 梨的材质参数

❶ 设置【环境光】的 RGB 值（即红、绿、蓝值）为（131,112,10），【漫反射】的 RGB 值为（203,164,10），【高光级别】为 35，【光泽度】为 24，【柔化】为 1，如图 4-62 所示。

❷【反射】通道贴图的设置如图 4-63 所示。

2. 苹果的材质参数

❶ 设置【高光级别】为 69，【光泽度】为 43，【漫反射颜色】通道的贴图类型为【位图】（选择本书配套素材文件夹中 Applel.tga 文件），在【位图】设置面板中单击【在视图中显示贴图】按钮，将纹理显示打开，输入角度的【W】值为 90，修正贴图的方向。

❷【凹凸】通道的贴图类型为【位图】（选择本书配套素材文件夹中 Apple2.tga 文件），在【位图】设置面板中输入角度的【W】值为 90，确保过渡色贴图与凹凸贴图的方向一致，苹果材质的参数设置如图 4-64 所示。

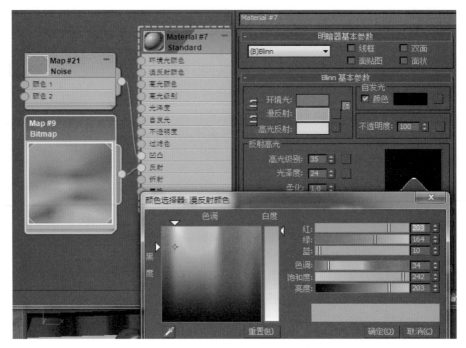

图 4-62　参数设置

图 4-63　【反射】通道贴图的设置

3. 柠檬的材质参数

❶设置【环境光】的 RGB 值为（159,49,0），【漫反射】的 RGB 值为（244,183,0），【高光反射】的 RGB 值为（216,116,36），【高光级别】为 60，【光泽度】为 38，【柔化】为 0.1，如图 4-65 所示。

❷【凹凸】通道的贴图类型是【噪波】，在【噪波】设置面板设置【大小】为 8.7，如图 4-66 所示。

❸ 设置【反射】值为 23，表示反射的程度。【反射】通道的贴图类型是【位图】（这是一种方法，该方法利用位图模拟反射效果，选择本书配套素材文件夹中 Refmap.gif 文件），设置【模糊】为 1.5，【模糊偏移】为 0.1，如图 4-67 所示。

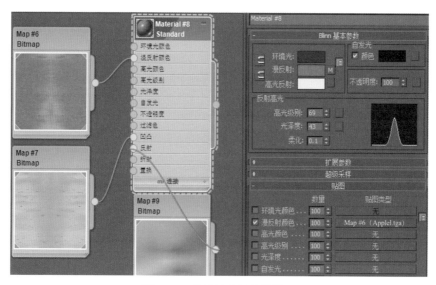

图 4-64　苹果材质的参数设置

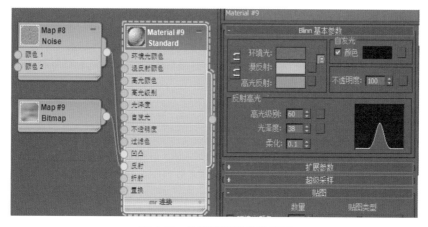

图 4-65　柠檬材质的参数设置

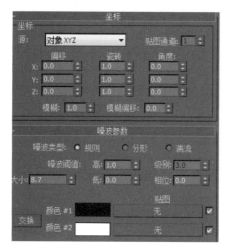

图 4-66　【噪波】设置面板

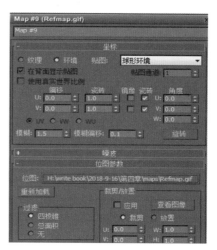

图 4-67　【反射】通道贴图设置

4. 水果梗的材质参数

设置【漫反射】的 RGB 值为（60,22,7），将【漫反射】右侧的颜色按钮拖动到【高光反射】右侧的颜色按钮上释放，在弹出的对话框中选择【复制】，然后单击【确定】按钮。

读者可创建更加丰富的物体，完善场景设置。此处的树叶是创建【平面】后添加【弯曲】修改器，然后使用透明贴图实现的。最终渲染效果可参考图 4-68。由于设置了材质，且许多地方使用了光线跟踪，渲染时间较长，因此，渲染单帧效果图效果较好，渲染动画应尽量避免使用光线跟踪。

图 4-68　最终渲染效果

最后，保存文件为 4-5-2.max。

4.6　制作桅灯

本节通过制作桅灯继续学习 3ds MAX 2018 二维样条线建模的方法，案例的基本操作可扫描二维码观看。更多相关教学视频可扫描封底二维码下载学习。

4.6.1　制作主体部分

❶ 打开本书配套素材文件夹中的 4-6-1.max 文件，可以看到场景中有一个平面物件，在前视图中可以看到其正面有一个桅灯的图像，如图 4-69 所示。

❷ 在前视图中，调整好视角，以有桅灯贴图的平面作为背景，沿桅灯主体部分创建样条线。最初创建时，先沿桅灯主体部分创建一条样条线，可以按 I 键平移视图，单击右键结束创建。然后根据材质的不同，分别创建不同的样条线。可以配合按住 Shift 键创建水平或垂直的样条线，单击右键结束创建。

❸ 创建完成之后，根据背景图对创建的样条线进行进一步的调节。选择每一条样条线，分别进入到【顶点】子物体级，一般会选择中间的点，并将其转换为平滑类型。最终画出的样条线如图 4-70 所示。因为材质不同，所以最终的样条线其实是由 6 条样条线组成的，如图 4-71 所示。

图 4-69　桅灯的图像

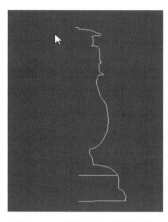

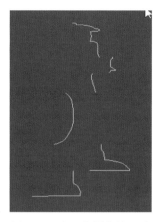

图 4-70　最终画出的样条线　　　　　图 4-71　由 6 条样条线组成

❹ 同时选中这几条组成桅灯主体部分的曲线，在【修改】命令面板的【修改器列表】中选择【车削】命令，将【车削】的轴向变为 z 轴，修改参数如图 4-72 所示，车削后的效果如图 4-73 所示，此时效果并不令人满意，恢复到四视图显示。

图 4-72　修改参数　　　　　图 4-73　车削后的效果

❺ 再进入【车削】修改器的【轴】子物体级，对【车削】命令旋转的【轴】进行移动，将参考平面物体隐藏或删除，最大化前视图，将轴向调整到合适的位置，进入【车削】修改器，增加其【分段】数，如图 4-74 所示，恢复到四视图显示。

❻ 此时，会发现模型有些部分的法线方向反了。选择显示不正确的部分，取消其关联关系，再分别选择显示不正确的部分，勾选【车削】修改器中的【反转法线】，这样就完成了桅灯模型主体部分的制作，如图 4-75 所示。

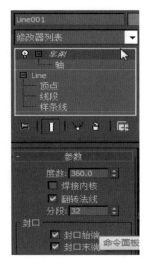

图 4-74 【车削】修改器

图 4-75 桅灯模型主体部分

4.6.2 制作铁丝部分

❶ 进入【创建】命令面板，在【样条线】中单击【截面】按钮，在顶视图创建一个截面。调整截面大小，使用移动工具和旋转工具，在其他视图将其位置调整到桅灯的铁丝部分，如图 4-76 所示。选中截面，切换到【修改】命令面板，单击【创建图形】按钮创建图形，如图 4-77 所示。

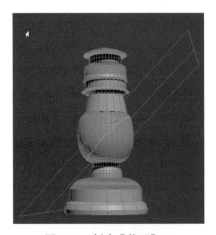

图 4-76 创建【截面】

图 4-77 【创建图形】按钮

❷ 删除上一步创建的截面，选中利用截面创建的样条线，展开【渲染】卷展栏，勾选【在渲染中启用】复选框，使其在视图中显示，并设置一个【厚度】值，如图 4-78 所示。再使用【镜像】工具，制作一个镜像，调整镜像模型的位置，渲染样条线的效果如图 4-79 所示。可使用相同的方法制作其他类似的铁丝部分。

❸ 制作提手部分。创建一个【矩形】，然后单击右键，将矩形转换成【可编辑的样条线】，并对其顶点进行调整。选中上方两个顶点，执行【圆角】命令。选择【线段】子物体级，删除最下方线段。展开【渲染】卷展栏，调整提手部分的粗细值。制作完的提手如图 4-80 所示。

图 4-78 铁丝的渲染参数

图 4-79 渲染样条线的效果

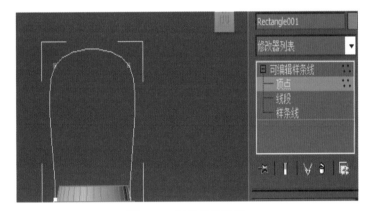

图 4-80 制作完的提手

4.6.3 制作支架部分

❶ 首先在前视图创建一个【矩形】，然后单击右键，将矩形转换成【可编辑的样条线】。进入【顶点】子物体级，选中 4 个顶点并单击右键，将它们的类型转换成【角点】。使用【缩放】工具，选中上方的两个顶点，将坐标工具设置为使用公用的中心，先调整上方两个顶点的位置，再调整下方两个顶点的位置。再次选中上方两个顶点，使用【圆角】命令进行切角设置，再选中下方的两个顶点，进行切角设置，再次调整位置，调整后的支架效果如图 4-81 所示。

❷ 按 T 键切换到顶视图，在顶视图中绘制一个【星形】。恢复到四视图显示，选择支架部分的路径曲线，打开【创建】命令面板，选择创建【复合对象】，单击【放样】按钮，如图 4-82 所示。

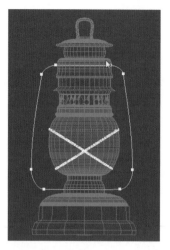

图 4-81　调整后的支架效果

图 4-82　放样

❸ 在【放样】修改命令面板中的【创建方法】卷展栏中单击【获取图形】按钮，然后在视图中拾取绘制的星形当作截面，这样就可放样出支架部分的模型，观察制作完成的桅灯模型，如图 4-83 所示。

❹ 桅灯材质部分的制作可参见本书第 6 章的内容，添加材质后的效果如图 4-84 所示。最后保存文件为 4-6-2.max。

图 4-83　制作完成的桅灯模型

图 4-84　添加材质后的效果

4.7　思考与练习

1. 怎样将断开的两个点焊接在一起？
2. 样条线包括哪些曲线？
3. 使用样条线创建一个商标。
4. 选择一张静物图片，制作其中物体的模型。

05 复合对象与多边形建模

本章提要

复合对象、多边形建模概述

使用放样法创建导弹、窗帘、牙膏、洗发露瓶

使用图形合并功能制作饮料罐

使用多边形建模功能构建建筑物模型

5.1 复合对象与多边形物体

5.1.1 复合对象

【复合对象】是将两个或两个以上的物体通过特定的合成方式结合成一个物体，即把两个或更多的对象组合成一个对象，以生成各种复杂的对象。合并的过程不仅可以反复调节，还可以表现为动画的形式，使一些高难度造型和动画（如头发、毛皮、无缝造型及点面差异物体的变形动画）的制作成为可能。

3ds MAX 2018 中有 12 种创建复合对象的方法，如图 5-1 所示。

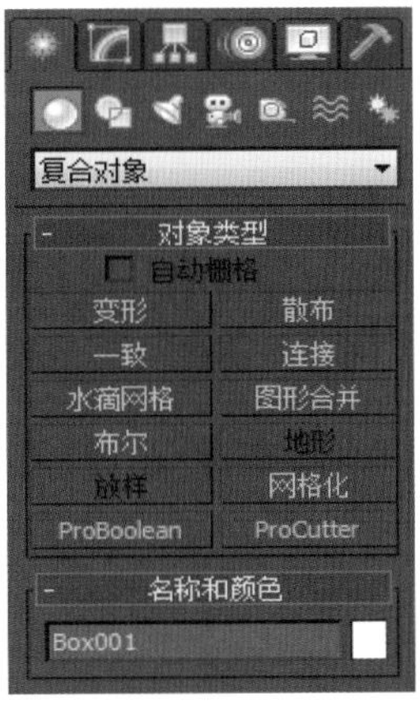

由于复合对象涉及两个或两个以上的物体，且要满足一定条件，如果不满足条件，则该按钮就会变为灰色，即不可用。以下主要介绍几种常用的创建复合对象的方法。

图 5-1 创建复合对象的方法

1. 布尔

在 3ds MAX 系统中，任何两个有形的几何体相互重叠时，就可以进行【布尔】运算。运算之后产生的新物体称为【布尔】物体。【布尔】物体属于参数化的物体，参加【布尔】运算的原始物体永久保留其建立参数，可以对它们的建立参数进行修改，也可以对这些参数进行变动修改，并将变动结果记录为动画。

3ds MAX 2018 可利用【布尔】运算对两个对象进行运算，但这两个参加运算的对象必须要有相互重叠的部分。【布尔】运算有并集、差集、交集、剪切 4 种。

2. 放样

【放样】是 3ds MAX 中优秀的多边形建模功能。虽然软件提供了多种建模方法，如先进的 NURBS 曲面建模、NURMS 圆滑建模、Patch 面片建模、变形球建模等，但【放样】建模仍是一种不可或缺的建模方法。【放样】的原理易于理解，即创建一条路径、一个截面图形，使截面图形在路径上扫出模型即可；复杂一些的【放样】，即多个不同的截面在放样的同时进行放缩、旋转等变化，使模型更加复杂。【放样】产生的模型可以塌陷为 NURBS 类型。

3．图形合并

【图形合并】用到一条或多条样条曲线与一个网格对象，让形状（样条线）嵌入到物体（网格对象）中，或者从物体中减去形状包围的表面，形成一个【复合对象】。使用方法是：先选取网格对象，然后执行【图形合并】命令，并单击【拾取图形】按钮，再选定一个样条线形状即可。

4．变形

在科幻影片或影视广告中经常会看到类似的镜头：一辆奔驰的汽车变成某个标志，金属液体变成一个未来战士。这实际上就是一种 3ds MAX 提供的高级动画【变形】特技——Morph。

【变形】指发生蜕变，也就是一个物体在外观形态上发生变化的过程。【变形】物体主要是为了制造一种形态变形的动画。在 3ds MAX 系统中，三维物体之所以能进行变形，其原理就是让网格物体表面的顶点位置进行一一对应的位移变形，从而产生整个外观形态的改变。这就要求相互变形的物体必须具有相同的顶点数目，这是物体变形的一个必备条件。在实际创作中，为了满足这项要求，通常可以先将原始物体复制，然后对复制的物体进行外观改造处理，以制作出相同顶点数目的变形物体。创作者还可以对【放样】物体进行变形加工，控制相同的路径节点和截面造型，用这样的方法也能生成节点数完全一致的变形物体。

在进行物体变形处理之前，首先要确定这些物体的节点数目是否相等。可以在视图中选择该物体，然后在菜单中单击【编辑/对象属性】按钮，在弹出的对话框中观察其节点和面片数目。也可以将光标移到物体上，然后单击右键，在弹出的快捷菜单中选择【对象属性】命令，打开【对象属性】对话框确定相应数值。

5．散布

使用【散布】功能可以制作头发、胡须、草地、长满羽毛的动物或是带刺的刺猬等，它们带有大量的复制元素。

【散布】对象的制作方法是：使用结构简单的物体作为一个离散分子，通过离散控制，将离散分子散布到目标对象的表面上。而且可以以各种方式将离散分子覆盖在目标物体表面，从而产生大量的复制品，这是一个有着独特功能的造型工具。【散布】系统提供了大量的控制参数，大多可以记录成动画形式。在制作【散布】对象时，首先要制作离散的分子，也就是复制的原始对象，然后进入系统拾取目标对象，最后选择覆盖的方式。离散分子一定要简单，面数少，否则将会给计算带来负担。且离散分子必须是一个独立的物体，不可包括多个物体。在选择了覆盖方式后，离散分子将覆盖目标物体的全部表面。目标物体表面的面数同样决定着离散结果，应根据需要给目标对象增加面数。目标对象表面的结构也同样会影响离散分子的覆盖结果，需要调节离散物体的属性。

5.1.2 面片建模

3ds MAX 中有两种【面片】，分别是【四边形面片】和【三角形面片】。四边形面片由四边形的小平面组成，三角形面片由三角形的小平面组成。实际创作中，使用四边形面片比较多，因为它容易控制且形状比较规则。面片可以转化为 NURBS 曲面，转化方法与样条线转化为 NURBS 曲线类似。

赋予面片一个【编辑面片】修改，或者将面片转化为【可编辑的面片】后，就可以对面片进行编辑。

编辑面片顶点的方法是：赋予四边形面片一个【编辑面片】修改器，在【选择】卷展栏中单击【顶点】按钮，可以看见面片的 4 个角上有 4 个顶点，单击选择一个顶点，可以看见顶点的两边出现了两个调节手柄，面片顶点及调节手柄的调节方法与样条线顶点及调节手柄的调节方法类似。通过调节顶点及调节手柄的位置，可以改变面片的大小和形状。

如果觉得面片不够平滑，可以在【几何体】卷展栏的【曲面】区域为面片设置较高的段数。

如果面片一开始是四边形的，那么无论怎么调整，其大致形状仍然是四边形的，所以单个面片不可能产生复杂形状的物体。想要产生复杂形状的物体就必须使用多个面片。产生多个面片的最好方法是从一个面片开始，逐渐扩展面片，这样能够保证多个面片之间没有接缝。赋予面片一个【编辑面片】修改器，在【选择】卷展栏中单击【边】按钮，然后选择面片的一条边，在【几何体】卷展栏中单击【添加四边形】按钮，就可以添加一个四边形面片，接着可以继续修改第 2 个面片的形状并不断添加新的面片，直至构成一个复杂的物体。

由于复杂的物体通常都是由多个面片组成的，要让面片物体产生变形这样的高级动画是非常困难的，并且容易出现裂缝。因此，在很多情况下，会将完成后的面片物体转化为多边形物体后再进行动画设置。

5.1.3 多边形建模

【多边形建模】技术是三维动画中最早采用的一种建模技术，现在仍然有着广泛的应用。这种技术的核心思想很简单，就是对曲线或者曲面进行数字化。

由于计算机是一个数字化的产物，只能描述数字化的信息，因此一条连续、平滑的曲线在计算机中却无法实现。为了解决这个问题，人们使用多条直线段来模拟曲线段。使用直线段模拟曲线段时，直线段的数量越多，每一条直线段越短，那么模拟就越精确，直线段多到一定数量时，原始曲线与模拟出来的曲线形状无限近似。

同样的方法也可以使用在曲面的模拟上，不过此时用来模拟曲面的是二维的小平面而不是一维的直线。同样，小平面的数量越多，模拟也就越精确。

【多边形建模】技术就是用小平面来模拟曲面，从而制作出各种形状的三维物体。

用来模拟曲面的每一个小平面可以是三角形的，也可以是矩形或其他形状的，因此这种用小平面来模拟曲面的方法称为【多边形建模】（Polygon）技术。

在实际建模时，小平面通常是三角形或者矩形，这样做是为了处理方便，但是并没有限制使用更多边的多边形。任意多边形都可以通过多个三角形组合得到，所以归根结底，可以认为多边形建模技术就是使用三角形的小平面来模拟曲面的。

使用多边形模拟的物体称为多边形物体，在 3ds MAX 2018 中也称为网格物体。

使用多边形模拟曲面时，为了产生更好的效果，3ds MAX 2018 还使用了一种【平滑】（Smooth）技术，在渲染时使多边形显得更圆滑。由于平滑技术只在渲染时进行处理，因此多边形物体在视图中显示为有棱角的样子，而在渲染时却显得很平滑。在使用多边形建模技术时，有一个关键的问题需要确定，即：为了很好地模拟曲面，需要多少个多边形。例如，如果最后渲染的图像中物体的尺寸很小，那么就可以适当减少多边形的数量；如果最后渲染的图像中物体的尺寸非常大，那么就需要使用更多的多边形，否则平面的痕迹将十分明显。因此，在创建模型时，一般遵循在满足需求的前提下，多边形的数量越少越好。

注意，之所以称为【多边形物体】而不是【多面体】的原因是：【多面体】一般指封闭的物体，而【多边形物体】还包括各种开放的物体。

1. 多边形物体的组成

多边形物体的构成要素有：顶点、边、边界、多边形和元素。

3ds MAX 把构成物体的多边形分成了两个层次处理，首先，它认为所有的多边形都是由三角形组成的，因此，可以以三角形为单位进行处理。例如，它认为矩形是由两个三角形组成的，只不过两个三角形连接处的边看不见而已，但是仍然可以独立地控制这两个三角形。3ds MAX 把三角形称为面（Face）。另外，3ds MAX 又允许把多边形作为一个整体处理。例如，可以从整体上控制一个矩形的小平面，相当于同时控制了构成它的两个三角形。

3ds MAX 的【元素】（Element）指的是同一个多边形物体的各个分离的部分。一个多边形物体可能由一个元素组成，也可能由多个互不连接的元素组成。

2. 多边形建模的主要方式

（1）直接创建【标准基本体】

3ds MAX 2018 可以直接创建【长方体】、【球体】等标准基本体，这是最基本，也是最简单的多边形建模方法。

（2）使用【修改】命令面板调整物体的形状

所有的多边形物体都可以通过修改器进行调整，从而得到各种各样的形状。理论上讲，可以使用【标准基本体】和【修改】命令创建任何形状。

（3）使用【放样】

【放样】实际上是把二维的曲线转化成三维的物体，类似于根据平面图纸设计模型。

（4）【面片】造型

【面片】造型是 3ds MAX 2018 特有的一种建模技术，它使用面片为基本单位，并通过组合面片来得到各种各样复杂的曲面。

（5）使用【复合】物体

【复合】物体是通过组合不同的多边形物体来产生新的多边形物体的，主要应用在一些特定场合。

5.2 制作导弹

本节使用 3ds MAX 2018 的放样建模方法，通过一条路径和多个截面生成三维物体，案例的基本操作可扫描二维码观看。更多关于放样建模的方法的教学视频可扫描封底二维码下载学习。

❶ 单击【快速访问工具栏】的 按钮，选择【重置】命令，重新设定系统。

❷ 在顶视图中绘制一个【星形】和一个【圆】，其中星形的【点】为 4，【半径 1】为 35，【半径 2】为 18，圆的【半径】为 25。

❸ 单击【线】按钮，展开【键盘输入】卷展栏，输入第 1 个点的坐标（0,0,0），单击【添加点】按钮，输入第 2 个点的坐标（0,0,200），单击【添加点】按钮，最后单击【完成】按钮，绘制一条长度为 200 的直线。

❹ 选择【线】，单击【创建】命令面板的【几何体】按钮，在下拉列表中选择【复合对象】，然后单击【放样】按钮，在卷展栏中单击【获取图形】按钮，然后在前视图中单击【星形】图形，在透视视图中可看见生成一个星形柱体，如图 5-2 所示。

❺ 展开【路径参数】卷展栏，修改【路径】为 50，这时在实际路线上会出现一个 ×，代表造型将要放置的位置。卷展栏中还有 3 个单选按钮，选中其中的【百分比】单选按钮，表示在当前路径的 50% 位置处选用新截面；选中【距离】单选按钮，表示【路径】值为距离；选中【路径步数】单选按钮，表示【路径】值为步长，如图 5-3 所示。

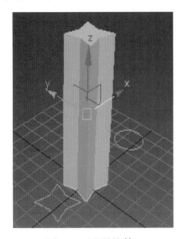

图 5-2　星形柱体　　　　　　　图 5-3　【百分比】、【距离】、【路径步数】单选按钮

❻ 单击【创建方法】中的【获取图形】按钮，再单击圆形，则对象的形状如图 5-4 所示。

❼ 在修改器堆栈中单击【Loft】（放样）旁的 +，选择【图形】，并在前视图中选取放样路径上的圆，按住 Shift 键，拖动圆形到直线路径的末端。然后在弹出的对话框中选择【复制】，并单击【确定】按钮，在放样路径的上端将出现一个圆。选取刚复制的圆，单击主工具栏中的【非均匀缩放】按钮，拖动鼠标，将物体缩小为原来的 30% ～ 40%，从而得到导弹的最终效果如图 5-5 所示。保存文件为 5-2-1.max。

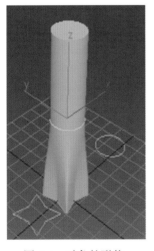

图 5-4　对象的形状　　　　　　　图 5-5　导弹的最终效果

5.3　制作窗帘

本节通过制作窗帘学习 3ds MAX 2018 放样建模的缩放方法，案例的基本操作可扫描二维码观看。更多关于放样建模的方法的教学视频可扫描封底二维码下载学习。

❶ 单击【快速访问工具栏】的█按钮，选择【重置】命令，重新设定系统。

❷ 单击【创建】命令面板的【图形】按钮，选择【样条线】中的【线】，在【创建方法】卷展栏选择【平滑】和【Bezier】方式。

❸ 在顶视图中绘制 2 条曲线，如图 5-6 所示。上、下 2 条曲线分别命名为 Splin01 和 Splin02。

❹ 再在该面板中将创建方式改为【角点】和【角点】，在左视图自上而下绘制 1 条直线。

❺ 单击【创建】命令面板的【几何体】按钮，在其下拉列表中选择【复合对象】，再单击命令面板中的【放样】按钮。【路径】为 0 时，单击命令面板的【获取图形】按钮，在视图中单击选择 Splin01，将【路径】改为 100，再单击【获取图形】按钮，在视图中单击选择 Splin02。如果在视图中看不见窗帘，则将其旋转 180 度，或者为其赋予一个双面的材质（关于材质的设置可参见本书第 6 章内容）。放样后的窗帘效果如图 5-7 所示。

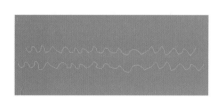

图 5-6　绘制 2 条曲线

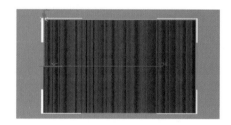

图 5-7　放样后的窗帘效果

❻ 进入【修改】命令面板，展开命令面板底部的【变形】卷展栏。单击【缩放】按钮，打开【缩放变形（X）】窗口，单击【插入角点】按钮█，在红线上添加一个点，并用【移动】工具█向下拖曳，然后单击右键，在弹出快捷菜单中选择【Bezier- 平滑】选项，关闭对话框及窗口，调整后的曲线如图 5-8 所示。调整后的窗帘如图 5-9 所示。

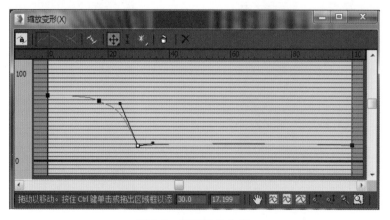

图 5-8　调整后的曲线

❼ 复制一个窗帘，进入其【修改】命令面板，在修改器堆栈中单击【Loft】旁的 +，选择【图形】，如图 5-10 所示。在视图中用【选择】工具框选整个放样物体，可选中放样物体路径上的图形（此处放样路径上有两条曲线图形 Splin01 和 Splin02），选中后呈黄色显示，一旦选中这些图形，修改器下【图形命令】卷展栏下方的按钮即可起作用。在视图中先选中组成窗帘物体的一个形状（Splin02），单击【删除】按钮，再选中另一个形状（Splin01），单击【左】按钮，效果如图 5-11 所示。

图 5-9   调整后的窗帘

图 5-10   图形

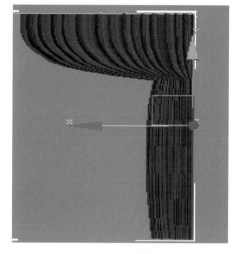

图 5-11   效果

❽ 接下来利用做好的窗帘来制作窗幔。先复制一个窗帘，切换到窗帘的【修改】命令面板，在下方的【变形】卷展栏中单击【缩放】按钮，在打开的窗口中将缩放曲线两端的控制点移到 0 位，并适当插入一些控制点，并将其调整平滑，如图 5-12 所示，调整后的窗幔效果如图 5-13 所示。

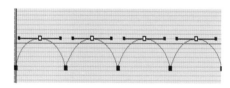

图 5-12   调整缩放曲线

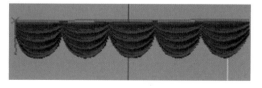

图 5-13   调整后的窗幔效果

❾ 单击主工具栏的【镜像】按钮 ，在弹出的对话框中选择【复制】，将窗帘对称复制到另一个边，如图 5-14 所示。

❿ 窗帘的最后效果如图 5-15 所示，保存文件为 5-3-1.max。

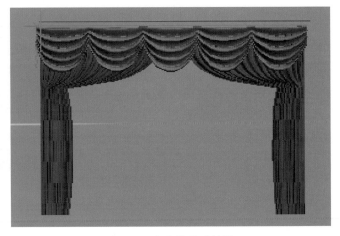

图 5-14　镜像　　　　　　　　图 5-15　窗帘的最后效果

5.4　制作牙膏

　　本节通过制作牙膏继续学习 3ds MAX 2018 放样建模的缩放方法，案例的基本操作可扫描二维码观看。更多关于放样建模的教学视频可扫描封底二维码下载学习。

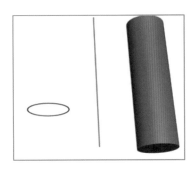

图 5-16　创建一个放样圆柱模型

　　❶ 单击【创建】命令面板的【图形】按钮，选择【样条线】中的【线】，在【创建方法】卷展栏选择【角点】和【角点】方式。在前视图中按住 Shift 键绘制一条垂直线，将它作为放样的路径。

　　❷ 参考 5.2 节所述方法创建一个放样圆柱模型，如图 5-16 所示。

　　❸ 进入放样物体的【修改】命令面板，在【变形】卷展栏中单击【缩放】按钮，打开【缩放变形（X）】窗口，单击【移动】按钮，将红线右侧的点向上移动，模型顶部将变大，单击【插入角点】按钮，在红线左侧添加一个控制点，如图 5-17 所示。

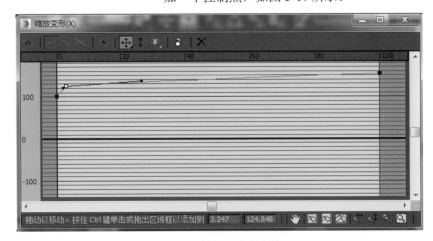

图 5-17　添加一个控制点

❹ 单击【缩放变形（X）】窗口右下角的【区域缩放视图】
按钮，框取、放大显示左侧两个控制点的区域。使用【移动】
工具，选择刚才插入的点，并向上移动，观察模型将产生一个切
角效果，如图 5-18 所示。

❺ 框选红线左侧的两个控制点，并单击右键，在弹出的快捷
菜单中选择【Bezier- 角点】，改变控制点的属性。现在已经可以
通过调节手柄来控制线的曲度了，分别调节两个点的调节手柄，
使切角处变得更加圆滑。最后将点的属性改为【Bezier- 平滑】方
式，使控制点两侧的表面共用一个平滑群组。

❻ 在【缩放变形（X）】窗口中单击【均衡】按钮，解除
x、y 轴向的缩放锁定，现在对 x、y 轴的变形操作将互不影响。
单击【最大化显示】按钮，将控制线最大化显示。

❼ 单击【显示 Y 轴】按钮，进入 y 轴编辑状态，此时红
线变成了绿线。将绿线右侧的控制点向下移动至 0 处，并将此点
设置为【Bezier- 角点】属性，然后调节其调节手柄，调节后的牙
膏躯干形态如图 5-19 所示，最后将【缩放变形（X）】窗口关闭。

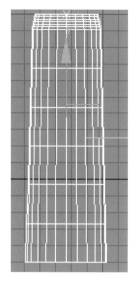

图 5-18　产生切角效果

❽ 单击【创建】命令面板的【几何体】按钮，选择【扩展基本体】中的【切角圆柱体】，
在顶视图中创建一个切角圆柱体模型。

❾ 进入【修改】命令面板，修改切角圆柱体的属性。设置【圆角】为 5，【边数】为 50。
其他参数（如高度、半径等）根据瓶体的比例情况调节。可适当对其添加【锥化】修改。

❿ 单击主工具栏中的【对齐】按钮，在任意视图中单击牙膏躯干，在弹出的对话框中勾
选【X 位置】、【Y 位置】和【Z 位置】选项，单击【确定】按钮，进行三个轴向上的对齐。将
切角圆柱体垂直移动到牙膏躯干的一端，将其作为瓶盖，制作完的牙膏效果如图 5-20 所示。
保存文件为 5-4-1.max。

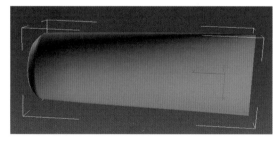

图 5-19　调节后的牙膏躯干形态

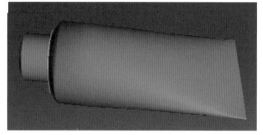

图 5-20　制作完的牙膏效果

5.5　制作洗发露瓶

本节通过制作洗发露瓶讲解 3ds MAX 2018 放样建模的拟合放样方法，案例的基本操
作可扫描二维码观看。更多关于放样建模的方法的教学视频可扫描封底二维码下载学习。

❶【拟合】放样的建模原理是利用物体的三视图（前、侧、顶）图形进行模型压制。先绘

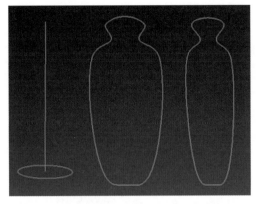

图 5-21　绘制图形

制出洗发露瓶的放样路径（直线）、放样截面（圆）、正面外轮廓图形和侧面外轮廓图形，如图 5-21 所示。

❷ 选择圆，单击【创建】命令面板的【几何体】按钮，在其下拉列表中选择【复合对象】，再单击命令面板中的【放样】按钮。单击【获取路径】按钮，在前视图中选择垂直的路径直线，完成放样操作。

❸ 进入【修改】命令面板，展开【变形】卷展栏。单击【拟合】按钮，将弹出【拟合变形（Y）】窗口。单击【均衡】按钮，解除 x 轴、y 轴方向的缩放锁定，这样就可以分别指定两个不同的图形来压制模型。

❹ 单击窗口中的【获取图形】按钮，在前视图中选择瓶体正面外轮廓图形，观察透视视图，可能会出现异常的造型，这是因为瓶体正面外轮廓图形放置的方向有问题。在窗口中单击【顺时针旋转 90 度】按钮，将瓶体正面外轮廓图形顺时针旋转 90 度。单击【自动适配】按钮，使造型自动适配其高度，现在可以看到透视视图中的模型正常了，如图 5-22 所示。

❺ 在窗口中单击【显示 Y 轴】按钮和【获取图形】按钮，在前视图中选择瓶体侧面外轮廓图形。由于瓶体的侧面外轮廓图形放置的方向也不正确，所以在透视视图中同样出现了异常造型。单击【顺时针旋转 90 度】按钮，拟合侧面外轮廓如图 5-23 所示。

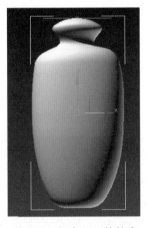

图 5-22　拟合正面外轮廓

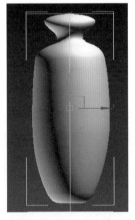

图 5-23　拟合侧面外轮廓

❻ 在透视视图中仔细观察瓶体表面，如果发现瓶体表面不太平滑，可以在【拟合变形（Y）】窗口中调整各个节点的位置及属性，如图 5-24 所示。也可以在【修改】命令面板中对放样物体施加【编辑网格】修改命令，将其塌陷为可编辑的网格物体。进入【点】子物体级，框选密集处的顶点，在【修改】命令面板中，设置焊接参数下的选择值为 1，这个数值是点与点之间自动焊接的阈值，也就是说在指定的单位范围内所有点将被自动焊接在一起。观察前视图中选择的顶点将完成优化，再观察透视视图中原来不平滑的部分将变平滑。

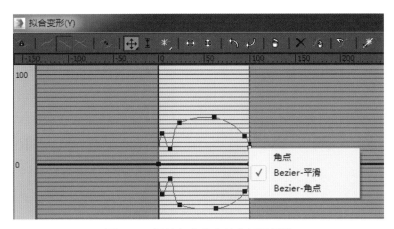

图 5-24　调整各个节点的位置及属性

❼ 保存文件为 5-5-1.max。

5.6　制作饮料罐

本节通过制作饮料罐讲解 3ds MAX 2018 的图形合并建模方法，案例的基本操作可扫描二维码观看。更多关于复合对象建模的方法的教学视频可扫描封底二维码下载学习。

❶ 单击【快速访问工具栏】的 按钮，选择【重置】命令，重新设定系统。

❷ 用二维曲线绘制饮料罐剖面图形，如图 5-25 所示。在【修改】命令面板，使用【车削】修改器，在 y 轴方向，将其最小对齐旋转成三维物体，效果如图 5-26 所示。

❸ 在顶视图创建一个拉环的形状曲线，如图 5-27 所示。将拉环的形状曲线移动到饮料罐上方的合适位置。

❹ 单击【创建】命令面板的【几何体】按钮，选择下拉列表中的【复合对象】，激活【图形合并】按钮。在【拾取操作对象】卷展栏中单击【拾取图形】按钮，然后在场景中单击拉环的形状曲线，并设置【参数】卷展栏下的操作项为【饼切】，开口的饮料罐模型效果如图 5-28所示。

❺ 保存文件为 5-6-1.max。

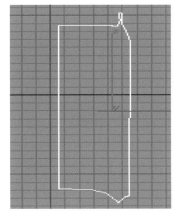

图 5-25　饮料罐剖面图形

图 5-26　效果

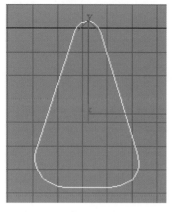

图 5-27　拉环的形状曲线

图 5-28　开口的饮料罐模型效果

5.7　制作高层建筑物模型

本节通过制作高层建筑物模型综合介绍 3ds MAX 2018 的各种工具，以及多边形建模的方法，案例的基本操作可扫描二维码观看。更多案例教学视频可扫描封底二维码下载学习。

5.7.1　创建楼体

❶ 按 Alt+W 组合快捷键最大化透视视图窗口。在【创建】命令面板中单击【几何体】按钮，再单击【长方体】按钮创建一个长方体，命名为 Box001，设置参数如图 5-29 所示。

❷ 切换到【创建】命令面板，创建第 2 个长方体，命名为 Box002，使其三边比 Box001 长，如图 5-30 所示。长方体对象的高度并不重要。该对象可用于定义建筑物的楼层。

❸ 选择 Box002，单击【对齐】工具，然后单击 Box001，在【对齐当前选择（Box001）】对话框中设置相应参数，如图 5-31 所示。

❹ 在状态栏上，单击【绝对模式变换输入】按钮 ⊕ ，将显示从【绝对模式变换】切换到【偏移模式变换】。在【偏移模式】中，x、y、z 的坐标值重置为本地值，最初都为 0。选择 Box002，然后在其 x 轴的坐标值中输入 –6，并按 Enter 键。3ds MAX 2018 会将 Box002 向左移动 6m，如图 5-32 所示。

图 5-29　设置参数

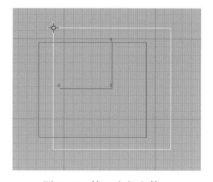

图 5-30　第 2 个长方体

图 5-31　【对齐当前选择（Box001）】对话框

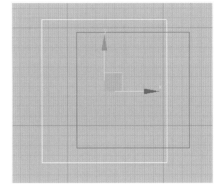

图 5-32　将 Box002 向左移动 6m

❺ 在【修改】命令面板的【参数】卷展栏中，将 Box002 的高度设置为 3m（建筑物标准楼层的标准高度）。如果希望第 1 层从高 40m 处开始，则可在其 z 轴的坐标值中输入 40。Box002 将成为组成模型中间部分所有楼层（共 15 层）的第 1 层。

❻ 从主菜单中选择【工具 / 阵列】。打开【阵列】对话框，在【阵列维度】的【1D】数量中输入 16。在【阵列变换：世界坐标（使用轴点中心）】的【增量】中，调整【移动】行的【Z】值为 6。在【对象类型】中，选择【复制】，如图 5-33 所示。单击【确定】按钮创建阵列。

图 5-33　阵列参数设置

❼ 选中阵列完成后的顶部对象，在【参数】卷展栏中将其高度设置为 30m，效果如图 5-34 所示。

❽ 选择 Box001 对象，然后将其重命名为【楼体 1】。

❾ 在【创建】命令面板中单击【几何体】，然后从下拉列表中选择【复合对象】，单击【ProBoolean】。在其【参数】卷展栏的【操作】中选择【差集】。在【拾取布尔对象】卷展栏中，单击【开始拾取】按钮，然后单击建筑物阵列顶部的较大的长方体，操作结果如图 5-35 所示。

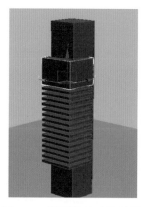

图 5-34　阵列修改后的效果

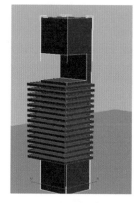

图 5-35　操作结果

⑩ 按 H 键打开【拾取对象】对话框，在列表中选择全部长方体对象，然后单击【拾取】按钮。【差集】操作可为所有选定的阵列长方体创建间距，效果如图 5-36 所示。再次单击【开始拾取】按钮，将其禁用后退出拾取模式。

⑪ 在【创建】命令面板中单击【几何体】，然后从下拉列表中选择【标准基本体】，单击【长方体】，设置长方体的【长】、【宽】、【高】分别为 28m、28m、128m，创建一个距离建筑物外侧墙壁 2m 的长方体对象，其高度恰好小于建筑物顶层结构的间距。

⑫ 使用【对齐】工具，单击建筑物对象，打开【对齐当前选择】对话框。在【对齐位置（世界）】中选择启用【X 位置】和【Y 位置】，然后在【当前对象】和【目标对象】中分别选择【中心】。此操作可将新创建的长方体与建筑物对象的中心对齐。单击【确定】按钮退出对话框。修改长方体颜色，效果如图 5-37 所示。

图 5-36　为所有选定的阵列长方体创建间距

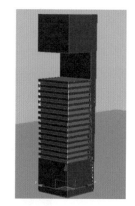

图 5-37　效果

⑬ 选择建筑物对象，在【参数】卷展栏的【操作】中选择【并集】。在【拾取布尔对象】卷展栏中单击【开始拾取】按钮，然后单击新创建的长方体。现在，该长方体已合并到建筑物对象中。再次单击【开始拾取】按钮，禁用该功能。

5.7.2　添加细节

❶ 激活【顶】视图，拖动创建一个长方体，该长方体的上、下两端在建筑物对象的外侧，

如图 5-38 所示，修改其【长】、【宽】、【高】分别为 50m、18m、36m。

❷ 单击【对齐】工具，然后选择建筑物对象，打开【对齐当前选择】对话框。在【对齐位置（世界）】中选择启用【X 位置】和【Y 位置】，然后在【当前对象】和【目标对象】中分别选择【中心】，单击【确定】按钮。

❸ 再次拖动创建一个长方体，修改其【长】、【宽】、【高】分别为 18m、41m、36m，如图 5-39 所示。

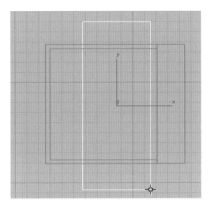

图 5-38　创建一个长方体

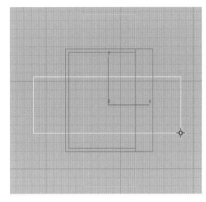

图 5-39　再创建一个长方体

❹ 单击【对齐】工具，然后选择建筑物对象，打开【对齐当前选择】对话框。在【对齐位置（世界）】中选择启用【X 位置】和【Y 位置】，然后在【当前对象】和【目标对象】中分别选择【中心】，单击【确定】按钮。

❺ 再次单击【对齐】工具，然后单击前面创建的 Box001 对象。在【对齐当前选择】对话框的【对齐位置（世界）】中禁用【Y 位置】，仅启用【X 位置】，然后在【当前对象】和【目标对象】中分别选择【最大】。单击【确定】按钮。这样可使该长方体与第 1 个长方体对象的最右侧对齐，如图 5-40 所示。

❻ 选择建筑物对象，并在【修改】命令面板【参数】卷展栏的【操作】中选择【差集】。在【拾取布尔对象】卷展栏中单击【开始拾取】按钮，然后单击之前创建的两个长方体。【差集】操作为输入区域创建间距。再次单击【开始拾取】按钮禁用该功能，【差集】操作后的效果如图 5-41 所示。

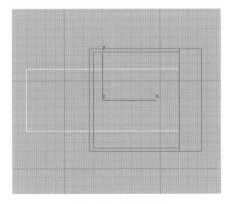

图 5-40　对齐效果

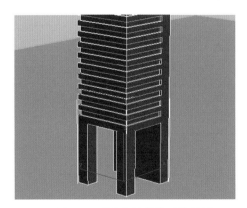

图 5-41　【差集】操作后的效果

❼ 选择建筑物对象，并在【修改】命令面板的修改器堆栈中选择【运算对象】。在【参数】卷展栏的操作对象列表中单击选择【1：差集 -Box17】，如图 5-42 所示，然后在【主工具栏】中启用【移动】工具（将该长方体重新定位至建筑物中点时仅需要进行简单的计算：高度为 30m 时，建筑物的中点为 15m。之前，已将该长方体偏移建筑物背面 6m，因此需要重新定位至左侧 9m 处）。确保将坐标显示设置为【偏移模式变换】相对单位📷（微调器全部显示为0），然后设置【X】为–9，并按【回车】键。3ds MAX 2018 会将长方体向左移动 9m，如图 5-43 所示。

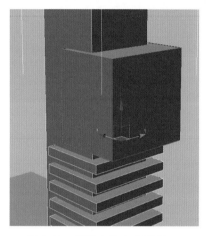

图 5-42　选择【运算对象】　　　　　　　　图 5-43　将长方体向左移动 9m

❽ 在【参数】卷展栏的【显示】中启用【结果】。现在，背面已在期望的位置，即建筑物的中点处，如图 5-44 所示。

❾ 在【创建】命令面板中单击【几何体】，然后选择【圆柱体】，启用【自动栅格】功能，如图 5-45 所示。创建一个圆柱体，修改【半径】、【高度】、【高度分段】、【边数】分别为 13、30、8、20。然后禁用【自动栅格】功能。

❿ 单击【对齐】按钮，然后单击建筑物，打开【对齐当前选择】对话框，在【对齐位置（世界）】中启用【X 位置】和【Y 位置】，确保【Z 位置】禁用，然后在【当前对象】和【目标对象】中分别选择【中心】，单击【确定】按钮。这样可使新创建的圆柱体与建筑物对象中心对齐，如图 5-46 所示。

⓫ 单击【均匀缩放】按钮，然后将 Gizmo 的 x 轴拖动到右侧。拖动 Gizmo 时，x 坐标微调器会动态更新。当微调器显示的值为 70 时，停止拖动。均匀缩放后的圆柱体如图 5-47所示。

⓬ 右键单击圆柱体对象，从弹出的四元菜单中选择【孤立当前选择】。再次右键单击圆柱体对象，然后在四元菜单的【变换】（右下方）区域中，选择【转换为 / 转换为可编辑多边形】。

⓭ 在【选择】卷展栏中，单击【边】子物体级，选择圆柱体中任意一列的一条水平边，然后单击【环形】按钮，此列中选定边上、下的所有水平边也会选定。按住 Alt 键并单击顶行

复合对象与多边形建模

和底行的边，取消选择。再单击【循环】按钮，即可选中所有需要的水平边（不包括顶行和底行），如图 5-48 所示。

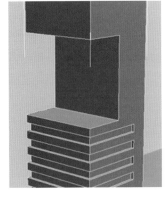

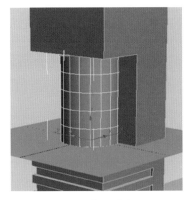

图 5-44　背面已在建筑物中点处　　图 5-45　启用【自动栅格】　　图 5-46　中心对齐

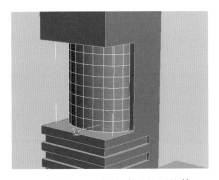

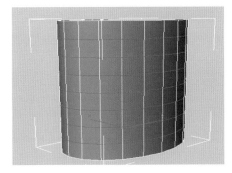

图 5-47　均匀缩放后的圆柱体　　　　图 5-48　选择水平边

⑭ 单击【编辑边】卷展栏中【切角】右侧的【设置】按钮□，如图 5-49 所示。在【切角】Caddy 控件上，将第 1 个控件【边切角量】更改为 0.6m，然后单击【确定】按钮☑。3ds MAX 2018 会将每个水平圈更改为距离 0.6 m 的一对圈，如图 5-50 所示。

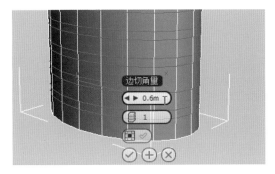

图 5-49　【设置】按钮　　　　　图 5-50　一对圈

⑮ 在【选择】卷展栏中单击【多边形】，按住 Ctrl 键，单击圆柱体对象外部，拖动经过切角操作创建的每个分段，如图 5-51 所示。

⑯ 单击【编辑多边形】卷展栏中【切角】右侧的【设置】按钮。在【切角】Caddy 控件

的第 1 个控件的下拉列表中选择【局部法线】，在第 2 个控件（高度）中输入 –1，在第 3 个控件（轮廓）中输入 –0.1，使切角边缘略微倾斜，最后单击【确定】按钮。在【选择】卷展栏中单击【多边形】按钮，退出【多边形】子物体级，修改后的效果如图 5-52 所示。在视图中单击右键，从四元菜单中选择【结束隔离】，重新显示全部场景元素。

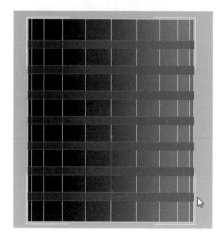

图 5-51　拖动经过切角操作创建的每个分段

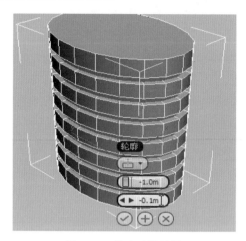

图 5-52　修改后的效果

⑰ 适当调整视窗，以便可以显示整个建筑物。使用【移动】工具，在【前】视图中按住 Shift 键，并沿 y 轴方向将圆柱体拖至建筑物的底部，在弹出的【克隆选项】对话框的【对象】中选择【复制】，然后单击【确定】按钮，复制后的圆柱体如图 5-53 所示。将坐标显示切换为【绝对模式变换输入】⊞，右键单击【移动】工具，在打开的对话框中将【Z】改为 0，将该对象定位在地面层级（0m）。使用【移动】工具将圆柱体移动到其 x 轴的右侧，直到跨过建筑物对象的背面，如图 5-54 所示。按 F3 键启用明暗处理，按 F4 键启用边面，将很容易看到圆柱体，再次按 F3 键以禁用明暗处理。

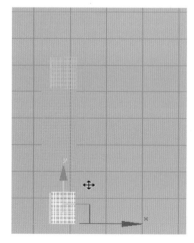

图 5-53　复制后的圆柱体

图 5-54　移动圆柱体

⑱ 单击【均匀缩放】按钮，向上拖动 y 轴 Gizmo，直到圆柱体稍穿过建筑物对象中庭的天花板为止，如图 5-55 所示。

⑲ 选择建筑物对象。在【修改】命令面板【参数】卷展栏的【操作】中选择【并集】。在【拾取布尔对象】卷展栏中单击【开始拾取】按钮，并选择两个圆柱体对象以将其组合到建筑物中。最后单击【开始拾取】按钮禁用该功能。组合后的效果如图 5-56 所示。

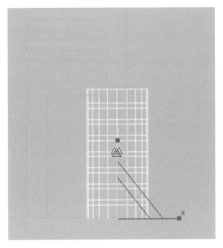

图 5-55　均匀缩放圆柱体

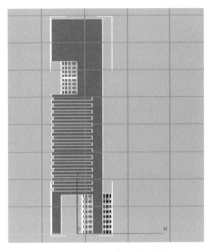

图 5-56　组合后的效果

⑳ 激活【透视】视图，选择【楼体 1】对象，并单击右键，从弹出的四元菜单中选择【变换】（右下方）区域的【转换为 / 转换为可编辑多边形】。

㉑ 在【选择】卷展栏中，启用【边】子物体级，使用【移动】工具，选择建筑物顶部背面的边，如图 5-57 所示。将其 z 坐标值从 200 调整为 160，如图 5-58 所示。

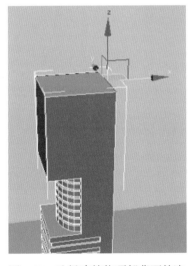

图 5-57　选择建筑物顶部背面的边

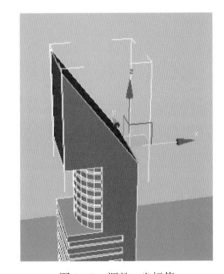

图 5-58　调整 z 坐标值

㉒ 在【选择】卷展栏中，启用【多边形】子物体级，然后选择屋顶多边形。在【编辑多边形】卷展栏中单击【插入】旁边的【设置】按钮。在【插入】Caddy 控件中，将第 2 个控件改为 2m，然后单击【确定】按钮，插入后的效果如图 5-59 所示。

㉓ 在【编辑多边形】卷展栏中单击【挤出】旁边的【设置】按钮。在【挤出】Caddy 控

件中，确保第 1 个控件设置为【局部法线】，第 2 个控件改为 -2m，然后单击【确定】按钮，挤出后的效果如图 5-60 所示。

㉔ 单击【移动】按钮，然后从参考坐标系下拉列表中选择【局部】，如图 5-61 所示。

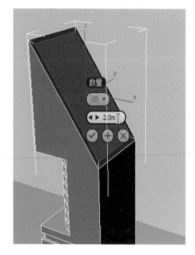

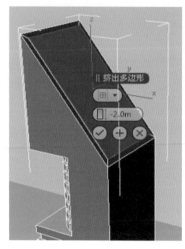

图 5-59　插入后的效果　　　　图 5-60　挤出后的效果　　　　图 5-61　选择【局部】

㉕ 在前视图中沿 y 轴移动屋顶多边形，使那些与屋顶垂直的面改变为与其他垂直于地面的平面平行，而屋顶的方向不变，屋顶多边形移动前、后如图 5-62 所示。再次单击【多边形】，退出【多边形】子物体级。屋顶外观如图 5-63 所示。

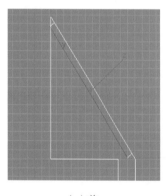

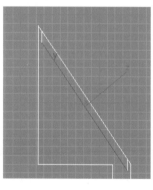

（a）前　　　　　　　　　　（b）后

图 5-62　屋顶多边形移动前、后　　　　　　　图 5-63　屋顶外观

5.7.3　为建筑物指定材质

关于【材质编辑器】的具体使用可参见第 6 章内容。

❶ 选择建筑物对象，最大化前视图，并最大化显示选定对象，确保视图处于【线框】模式，如图 5-64 所示。

❷ 在【修改】命令面板的【选择】卷展栏中启用【多边形】子物体级，然后按 Ctrl+A 组合快捷键选择建筑物对象中的全部多边形。设置【多边形：材质 ID】卷展栏的【设置 ID】为

1。单击建筑物对象之外的任何位置，取消对多边形的选择。
单击 按钮，放大建筑物的上层部分，然后使用【选择】工
具，配合 Ctrl 键，选择圆柱体玻璃的多边形，如图 5-65 所示。
继续选择下层楼层中的所有玻璃对象，确保包含底部圆柱体
玻璃多边形，最终选择结果如图 5-66 所示。然后设置【多边
形：材质 ID】卷展栏的【设置 ID】为 2。

❸ 在【多边形：材质 ID】卷展栏的【选择 ID】中输入
1，然后单击【选择 ID】按钮。现在选中了全部材质 ID 为 1
的多边形。

❹ 选择精简的【材质编辑器】模式。在示例窗中，找到
混凝土材质。单击示例窗以激活该材质，然后单击【将材质
指定给选定对象】按钮 。在【多边形：材质 ID】卷展栏中

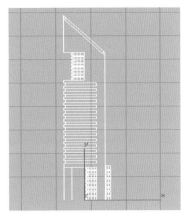

图 5-64 【线框】模式

将【选择 ID】的值更改为 2，然后单击【选择 ID】按钮。在【材质编辑器】示例窗中，找到
玻璃材质，单击示例窗以激活该材质。然后单击【将材质指定给选定对象】按钮。最后关闭精
简的【材质编辑器】。

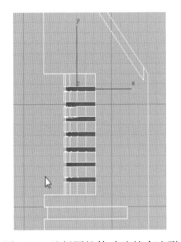

图 5-65 选择圆柱体玻璃的多边形

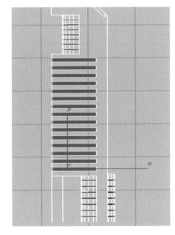

图 5-66 最终选择结果

❺ 在【选择】卷展栏中单击【多边形】，退出【多边形】子物体级。

❻ 调整透视视图，使建筑物模型清晰显示，然后单击【渲染产品】按钮，查看结果。将
场景保存为 5-7-1.max。

5.8 思考与练习

1．布尔运算有几种方式？它的特点是什么？

2．放样建模有几种方式？

3．根据已经学习的建模方法，使用已创建的模型，重新设计一个三维场景，并在不同的
视角渲染效果图（至少 2 张）。

4．从提供的 6 张静物设计图中选出 3 张进行建模，要求如下。

（1）注重模型的构建，多种建模方法的灵活运用，以及物体的结构、比例、空间位置关

系等（材质、灯光及环境设计暂不要求）。

（2）上交文件要求如下。

• MAX 场景文件 3 个

文件命名为：学号末两位 + 场景 1.max，学号末两位 + 场景 2.max，学号末两位 + 场景 3.max。

• 截图至少 3 张

场景源文件的线框截图及着色实体截图（不同视角）至少 3 张，尺寸不限，文件命名为：学号末两位 + 截图 1.jpg，学号末两位 + 截图 2.jpg，学号末两位 + 截图 3.jpg，剩余图片以此类推。

• 渲染效果图至少 6 张

文件格式为：JPG 格式。

文件命名为：学号末两位 + 效果图 1.jpg，学号末两位 + 效果图 2.jpg，学号末两位 + 效果图 3.jpg，剩余图片以此类推。

CHAPTER 06

材质与贴图

本章提要

材质的概念和基本用途

材质编辑器界面的基本用途和功能

贴图的多种类型

反光材质的表现：玻璃、液体、全反射金属等的设计

魔法师必备：黄金、玛瑙石、木纹、地图、陶器等的材质

怀旧风格：旧金属、旧布料、古书、火枪等的材质

室外设施及建筑物的材质：建筑材质设计

用照片给建筑物建模：多边形建模和 UVW 展开的使用

6.1 材质

任何物体都有其各自的表面特征，如玻璃、木头、大理石、花草、水或云，真实地表现它们不同的质感、颜色、属性是三维建模领域的一个难点。

材质主要需要解决如下两个问题。

（1）材料的质地

材料的质地，即对象是由何种物质构成的，不同的物质具有不同的质地（包括物体的颜色，物体表面的粗糙程度，透明程度，反光强度，以及对光线的折射程度等要素），利用材质编辑器，通过对材质和贴图的处理，可以使物体变得更加真实，模拟现实中物体的很多特性。

（2）表面的纹理

同为木材，松木的纹理和樱桃木的纹理就有很大的区别；老人、儿童和妇女的皮肤纹理相差甚远。纹理的解决需要使用贴图。

创造复杂的材质效果是极具艺术性的工作，通过对物体材质的编辑，能创造出富有表现力和感染力的效果。想要设计出完美的作品，除了需要掌握复杂的技术，更重要的是要善于观察生活，以及需要对艺术有一定的敏感性。许多优秀的三维设计艺术家都具备良好的传统艺术的修养。无论使用何种软件，往往真正打动人的是作品背后的艺术内涵。

材质必须和灯光紧密配合才能达到更好的效果，此外，环境也极为重要。

在不同的环境和灯光下，材质的渲染效果可能差异很大，所以没有一成不变的材质参数，往往需要创作者反复调节每一个参数，以实现更佳的呈现效果。

6.1.1 材质编辑器界面

在 3ds MAX 2018 中，有以下 3 种方法可以进入材质编辑器：

• 单击主菜单中【渲染 / 材质编辑器】命令按钮；

• 从主工具栏中单击【材质编辑器】按钮 ；
• 按键盘上的 M 键。

材质编辑器有两种模式，图 6-1 是 Slate 材质编辑器，图 6-2 是精简的材质编辑器。

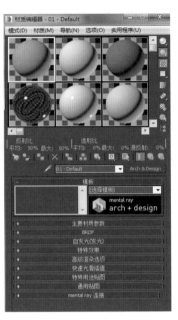

图 6-1　Slate 材质编辑器　　　　　　　　　　图 6-2　精简的材质编辑器

两种材质编辑器的使用形式略有不同，但内容实质是一样的。前者容易让使用者一目了然地了解材质设计的整体逻辑结构及彼此之间的层次关系；后者则照顾到老用户的使用习惯，操作更直观。两个材质编辑器窗口都包含以下内容。

1．菜单栏

菜单栏的各下拉菜单内包含所有控制材质编辑器的命令。

2．示例窗

材质编辑器的示例窗如图 6-3 所示，图 6-4 是独立示例框。在示例窗中可以预览材质和贴图，默认状态下示例显示为球体，每个窗口显示一个材质。可以使用材质编辑器的控制器改变材质，并将它赋予场景中的物体。最简单的赋予材质的方法就是用鼠标将材质直接拖曳到视窗中的物体上。单击一个示例框可以激活它，被击活的示例框被一个白框包围着。

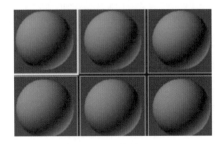

图 6-3　示例窗　　　　　　　　　　图 6-4　独立示例框

3．工具栏和常用工具按钮

【将材质指定给选定对象】按钮 ：把材质赋给场景中的物体。

【视图中显示明暗处理材质】按钮 ：在视图的对象上显示贴图。

【从对象拾取材质】按钮 ：先在材质示例窗中选择一个材质，单击该按钮，再单击场景中的某个物体，可将该物体的材质拾取到材质球上。

【采样类型】按钮 ：可选择样品为球体、圆柱体或立方体。

【背光】按钮 ：按下此按钮可在样品的背后设置一个光源。

【背景】按钮 ：在样品的背后显示方格底纹。

【采样 UV 平铺】按钮 ：可选择 2×2、3×3、4×4。

【视频颜色检查】按钮 ：可检查样品上材质的颜色是否超出 NTSC 或 PAL 制式的颜色范围。

【生成预览】按钮 ：主要观看材质的动画效果。

【选项】按钮 ：用来设置材质编辑器的各个选项。

【材质 / 贴图浏览器】按钮 ：单击弹出对话框，显示当前材质的贴图层次，在对话框顶部选取不同的按钮可以用不同的方式显示。

6.1.2 常用材质类型

【材质】是一个由多种贴图组成的集合体，并通过自身的结构和贴图通道来调配这些贴图，从而形成一个完整的物体材质。现实世界里的每一个物体本身的结构和属性是各不相同的，当在 3ds MAX 2018 中模拟这些物体时，需要材质能够将这些不同的特性准确地表现出来。为了达到这个要求，3ds MAX 2018 将材质分成了多种类型，每种类型的材质都有其特有的结构和贴图方式，以表现现实世界中各种物体不同的属性。常用材质类型如下。

- 【标准】是 3ds MAX 2018 中最基础的材质类型，所有物体的材质效果就是用它来编辑完成的，其他的材质类型只不过起到一个合成作用。可以把它看成材质制作的基础材料。

- 【多维 / 子对象】的作用是将多个材质组合成一种复合式的材质，分别指定给一个物体的不同子对象，但要为每一个子对象指定一个 ID，才能正确显示。

- 【混合】的功能是将两个不同的材质混合在一起，根据混合度的不同，控制两种材质的显示程度。可以利用这种特性制作材质变形的动画，另外也可以指定一张图像作为混合的 Mask 遮罩，利用它本身的灰度值来决定两种材质混合的程度。它经常用来制作一些质感要求比较高的物体，如打磨的大理石表面质感、上蜡的地板等。

- 【光线追踪】可以看成是一种高级的标准材质类型，它不仅包括标准材质的所有特性，还可建立真实的反射和折射效果（类似反射贴图，其更精确，但渲染速度较慢），并支持雾、颜色浓度、半透明、荧光等效果。

- 【合成】的功能是将多个不同的材质叠加在一起，包括一个基本材质和 10 个附加材质，通过添加、排除和混合能够创造出复杂多样的物体材质。常用来制作动物和人体皮肤、生锈的金属、复杂的岩石等材质。

- 【双面】可以为物体内、外或正、反表面分别指定两种不同的材质，并且可以控制它们之间的透明度，生成一些特殊的效果。经常用在一些需要物体双面显示不同材质的动画中，如纸牌、杯子等造型物体。

- 【Ink'n Paint（墨水油漆）】专门用于渲染卡通漫画效果，利用它可以在 3ds MAX 2018 中直接输出卡通动画。
- 【壳材质】专门配合【渲染到贴图】命令使用，它的作用是将【渲染到贴图】命令产生的贴图再贴回物体造型。这个功能非常有用，在复杂的场景渲染中可以省略光照计算占用的时间。
- 【顶 / 底】为一个物体指定两种不同的材质，一个位于顶端，另一个位于底端，中间可以产生过渡效果，而且两种材质在物体中所占比例还可以调节。

6.2　贴图

【贴图】与【材质】是一种从属的关系。【贴图】只用于表现物体的某一种属性，如透明或凹凸等。而【材质】则是由多种贴图集合而成的，最终表现出一个真实的物体。例如，要制作一个玻璃的材质，既要表现出玻璃的透明，又要表现出它的平滑和反射、折射特性。而玻璃的透明、平滑、反射、折射属性便可以视为几种不同的贴图。要完整地表现玻璃的材质，就要将这几种贴图集合在一起，这便是贴图与材质的关系。

在 3ds MAX 中，【贴图】是由材质编辑器的内置程序生成的，或是从外部导入的图案或图片。它分为 2D 贴图、3D 贴图、合成贴图、颜色变动贴图及反射与折射类贴图 5 类，由【材质 / 贴图浏览器】面板统一管理。【材质】与【贴图】紧密联系，在使用【材质】时，需要用到各种各样的【贴图】，才能制作出丰富多彩的贴图材质和物体。对于贴图材质要设定材质参数、贴图图案和贴图通道，通常使用的贴图图像文件格式为 JPG、TIF 或 TGA 等。贴图对于物体的创建十分重要，精美的贴图是材质编辑的关键，贴图的位置和方式对于贴图的效果也很重要。

贴图通过以下 3 种方式形成材质：贴图坐标、贴图通道、贴图类型。

6.2.1　贴图坐标

确定贴图如何出现在物体的表面上需要使用【贴图坐标】，【贴图坐标】设置贴图的位置、大小、角度及重复次数等，以确定贴图在物体表面出现的方式。

1. 默认的贴图坐标

在 3ds MAX 2018 中创建的大部分物体，如果在物体的【参数】卷展栏中勾选【产生贴图坐标】复选框（该复选框也可能出现在别的卷展栏中），那么就会赋予物体一个默认的贴图坐标。

反射和折射贴图、大部分程序贴图及面贴图都不需要贴图坐标，因为它们会自动计算出来，其余种类的贴图都需要贴图坐标，才能正确渲染。如果把贴图赋予没有贴图坐标的物体，那么贴图将无法渲染。

不同物体的默认贴图坐标也不同，创作者无法控制。另外，少量创建的物体没有默认的贴图坐标，3ds MAX 2018 引入的外部模型基本上也没有默认的贴图坐标。如果对默认的贴图坐标不满意，或者部分物体没有默认贴图坐标，就需要使用 UVW 贴图修改指定贴图坐标。

2.UVW 贴图修改

UVW 贴图修改可在物体的表面产生贴图坐标，UVW 贴图中的 UVW，指的是 UVW 坐标体系。由于物体的表面是曲面，因此适合使用 UVW 坐标体系，而不适合使用 XYZ 坐标体系。因为贴图坐标是确定贴图如何出现在物体表面上的坐标，所以适合采用 UVW 坐标体系。

赋予物体 UVW 贴图修改后，展开【参数】卷展栏，在【贴图方式】区域里可以选择 UVW 贴图修改的贴图方式。

UVW 贴图修改中的贴图坐标一共有 7 种。

【平面】贴图坐标：使贴图以平面投影的方式覆盖在物体表面。平面贴图坐标会在物体的边缘拉出长长的线，线的颜色就是物体边缘贴图的颜色。平面贴图坐标是最常用的一种贴图坐标。

【长方体】贴图坐标：使贴图以长方体投影的方式覆盖在物体表面，每个面一个贴图。

【球体】贴图坐标和【收缩包裹】贴图坐标：都是球形的贴图坐标，区别是收缩包裹贴图坐标可使贴图在球体的顶点上收缩成一个点，从而可消除明显的边界。

【圆柱体】贴图坐标：是圆柱形的贴图坐标，选中和取消选择【覆盖】复选框会影响圆柱端面的贴图形状。

【面】贴图坐标：在每一个面上产生一个贴图，其产生的效果类似于在材质的【基本参数】卷展栏中选中【面贴图】复选框。

【XYZ to UVW】贴图坐标：主要用于程序贴图，这种贴图坐标把程序贴图固定在物体的表面上，适合在物体变形时使用。

UVW 贴图能产生的贴图坐标是相当有限的，其主要适用于比较规则的几何体。对于复杂的几何体，使用 UVW 贴图的任何一种贴图坐标都无法产生满意的结果，此时必须使用高级贴图技术。

3. 调整 Gizmo

UVW 贴图修改包含一个子物体 Gizmo，通过调整 Gizmo，可以对 UVW 贴图修改的贴图方式进行调整。

可以把 Gizmo 想象成一张胶片，胶片上是贴图，然后有一束光照在胶片上，将图案投影在物体上，物体上的投影图案就是贴图产生的结果。对于平面贴图坐标，用的是一束平行光，而对于其他贴图坐标，用的是向物体汇聚的光。

6.2.2 贴图通道

【贴图通道】是材质调用和展示贴图效果的一种手段。一个材质可以由多个贴图组成，这些贴图的调配则是通过材质自身的结构和【贴图通道】来实现的，而【贴图通道】的作用就是在物体不同的区域（注意，这里区域不是位置概念）产生不同的贴图效果。

一个【标准】的材质可以有 12 个贴图通道，如图 6-5 所示。单击右侧的【无】按钮就可以进入材质编辑的下一级。

【环境光颜色】：默认情况下此项未激活，只需解

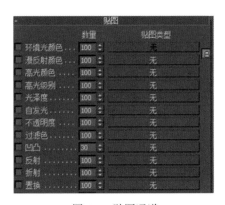

图 6-5　贴图通道

除环境光和漫反射之间的锁定即可将其激活，该通道用来表现阴暗部分的贴图效果。

【漫反射颜色】：被认为是 3ds MAX 中使用率最高的一个贴图通道，表现物体基本色彩。

【高光颜色】：用于表现高光部分的贴图。

【高光级别】：利用黑白灰度对物体的受光部分进行区域的控制调节。

【光泽度】：对物体的高光部分进行调节和控制，与高光级别相同，利用黑白灰度对高光部分进行控制。

【自发光】：物体自身发光的通道的调节。

【不透明度】：对物体的不透明度进行通道的调节，可产生透明的效果。

【过滤色】：对透明的物体进行各种色彩的控制，可以利用过滤色玻璃添加纹理。

【凹凸】：使用率也相对高，通常用来表现物体的凹凸效果，可更加细腻地表现物体。

【反射】：为物体增加反射的贴图通道，在这里主要使用反射/折射、光线跟踪、镜面反射、衰减、位图等为其添加通道效果。

【折射】：可以为物体添加真实的折射效果，通常会添加光线跟踪。

【置换】：功能类似于凹凸贴图，不同之处在于这种贴图方式是对物体的表面进行真实的凹凸处理，使物体增加更多的褶皱，比凹凸贴图表现更真实，但会增加系统的负担。

6.2.3 贴图类型

1. 2D 贴图

2D 贴图就是在二维平面上进行贴图制作，由于其没有深度，因此只出现在物体的表面上，以下是几种常用类型。

❶ 位图（Bitmap）：允许使用一张位图或视频格式文件作为物体的纹理，是 3ds MAX 最常用的贴图类型，支持多种位图格式，包括：AVI、MOV、BMP、JPG、GIF、IFL、PNG、RLA、TGA、TIF、YUV、PSD、FLC、RPF、FLI、CIN 等。

❷ 棋盘格（Checker）：产生两色方格交错的图案，常用于制作墙砖、地板砖等有序纹理。

❸ 燃烧（Combustion）：需配合 Discreet 公司的 Combustion 软件来使用。

❹ 渐变色（Gradient）：产生三色的过渡效果，其可扩展性非常强，有线性渐变和放射渐变两种类型，三色可以随意调节（也可以是 3 张贴图），通过贴图还可以制作出无限级别的渐变和其他特殊效果。

❺ 渐变坡度（Gradient Ramp）：可以将其视为渐变色贴图的升级，是一种功能非常强大的贴图。它能产生多色的过渡效果，提供多达 12 种纹理类型，经常用于制作石头表面、天空、水面等材质。

❻ 旋涡（Swirl）：产生两种颜色的旋涡图像（也可以是两张贴图），常用来模拟水中旋涡、星云等效果。

2. 3D 贴图

3D 贴图完全不同于 2D 贴图，它是通过 3ds MAX 2018 的 SXP 程序演变而来的，是一种基于函数的计算方法生成的图案，它不但出现在物体的表面，而且存在于物体的内部，是一种立体的贴图，常用的 3D 贴图如下。

❶ 细胞（Cellular）：创作者不要被其名称迷惑，因为其除了细胞还经常用来模拟石头砌墙、鹅卵石路面，甚至是海面等物体效果。

❷ 凹痕（Dent）：能够产生一种风化和腐蚀的效果，经常用于凹凸（Bump）贴图方式，利用这种效果可以制作岩石、锈迹斑斑的金属等。

❸ 衰减（Falloff）：产生两色过渡的效果（也可以是两张贴图），经常配合不透明度（Opacity）贴图方式使用，主要产生透明衰减效果，常用于制作水晶、太阳光、霓虹灯、眼球等，它还常与遮罩（Mask）和混合（Mix）贴图配合使用，制作多个材质渐变混合或覆盖的效果。

❹ 大理石（Marble）：产生岩石断层的效果，当然也可用来制作木头的纹理，其效果不亚于木纹（Wood）贴图。

❺ 噪声（Noise）：通过两种颜色或贴图的随机混合产生一种无序的杂点效果，这是 3ds MAX 2018 材质制作中使用比较频繁的一种贴图，常用来制作石头、天空等效果。

❻ 粒子年龄（Particle Age）：专用于粒子系统，根据粒子设定的时间段，分别为开始、中间和结束处的粒子指定 3 种不同的颜色或贴图，类似于颜色渐变，不过这种渐变是真正动态的渐变。粒子在诞生阶段是第 1 种颜色，随着生长慢慢变成第 2 种颜色，最后在消亡阶段转变成第 3 种颜色，利用这个特性可以制作出动态的彩色粒子流动的效果。

❼ 粒子运动模糊（Particle Mblur）：它可以根据粒子的速度进行模糊处理，常配合不透明度贴图方式使用。

❽ 烟雾（Smoke）：能够产生丝状、雾状、絮状等无序的纹理图案，常用来作为背景，配合不透明度贴图方式使用。

3．合成贴图

合成贴图顾名思义就是将不同的贴图和颜色进行混合处理，使它们变成一种贴图。常用的合成贴图类型如下。

❶ 合成（Compositors）：作用是将多个贴图组合在一起，通过贴图自身的 Alpha 通道或输出数量（Output Amount）来决定彼此之间的透明度。

❷ 遮罩（Mask）：使用一张贴图作为遮罩，通过贴图本身的灰度值大小来显示被遮罩贴图的材质效果。

❸ 混合（Mix）：将两种贴图混合在一起，通过调整混合的数量值产生相互融合的效果。

❹ RGB 倍增（RGB Multiply）：主要与凹凸贴图方式配合使用，允许将两种颜色或贴图的颜色进行相乘处理，来增加图像的对比度。

4．颜色变动贴图

颜色变动贴图的作用是更改材质表面像素的颜色，它实际上是一个简单的颜色调整编辑器。常用的颜色变动贴图类型如下。

❶ 输出（Output）：专门用来弥补某些无输出设置的贴图类型。

❷ RGB 染色（RGB Tint）：通过 3 个颜色通道来调整贴图的色调，节省在其他图像处理软件中处理图像的时间。

❸ 顶点颜色（Vertex Color）：用于可编辑的网格物体，当然也可利用它来制作彩色渐变效果。

5．反射与折射类贴图

反射与折射类贴图专门用来模拟物体的反射与折射效果，常用类型如下。

❶ 光线追踪（Raytrace）：是一种使用率较高的贴图，能够提供真实的、完全的反射与折射效果，但渲染时间比较长，一般在制作单幅的静态图像时使用。

❷ 反射 / 折射（Reflect/Refract）：配合反射贴图方式使用，产生曲面反射效果；配合折射贴图方式使用，产生折射效果。这种贴图的效果虽然比不上光线追踪贴图，但渲染速度比较快，适用于动画制作。

6.3　标准材质及其参数

【标准】材质是【材质编辑器】中材质示例球的默认材质类型，它提供了一种比较简单、直观的方式来描述模型表面的属性，物体表面的外观取决于其反射光线的性质。在 3ds MAX 2018 中，标准材质模拟的是物体表面反射光线的属性，如果不使用贴图，则标准材质将使物体显示单一的颜色。

6.3.1　明暗器基本参数

【明暗器基本参数】卷展栏如图 6-6 所示，其中明暗法下拉列表如图 6-7 所示。

图 6-6　【明暗器基本参数】卷展栏　　　图 6-7　明暗法下拉列表

明暗法实际上是根据材质自身的特性来选用的适合该材质的一种渲染计算方法。不同计算方法会产生不同的质感。

明暗法下拉列表中的内容如下。

【各向异性】：可使反光区域变化，用于表面曲度变化较大的模型效果。

【Blinn】（布林）：是默认方式，可以渲染平滑或粗糙的表面，精确地反映出三维模型的各种物理特性，如透明、凹凸、对光线的反应等效果。色调较柔和，能充分表现材质质感。应用范围广，适于表现织物、塑料、瓷器、陶器、土、石材等绝大部分材质。它的高光区与漫反射区的过渡更加均匀。【Phong】与其类似。

【金属】：用于制作金属材质和反光色调特别强烈的、较抽象的材质，表现强烈的金属质感。

【多层】：是具有双重高光的渲染方式，即在高光上再加上高光，可制作具有高级光泽质感的材质。它同时有两个高光参数。

【Oren-Nayar-Blinn】（柔和布林）：反光非常暗淡，对光照反应差。可制作表面柔和并且粗糙的材质，如织物、陶器、砖、瓦、土等。

【Phong】：除了渲染效果感觉硬一些，其他与【Blinn】类似。

【Strauss】（层云）：可以制作金属或非金属材质，简单且易于设定。

【半透明明暗器】：用于指定光线透过材质时散布的半透明度。

【明暗器基本参数】卷展栏还包括【线框】、【双面】、【面贴图】、【面状】复选框，其功能如下。

【线框】：只渲染三维模型网络结构，使三维模型成为框架结构的材质方式。可在扩展参数卷展栏调节其参数。

【双面】：三维模型分为表面和背面空心的蒙皮结构。3ds MAX 2018 默认渲染三维模型可视的外表面，但有时三维模型会有敞开的面，其内壁背面因无材质而无法看到。此时就需要打开双面设定，使三维模型的表面和背面使用同一材质，并能完整显示。

【面贴图】：将含有贴图材质的贴图贴在三维模型的所有多边形面上。

【面状】：使对象产生不平滑的明暗效果，可用于制作带有硬边的表面。

6.3.2 Blinn 基本参数

这是一个因各种形式的明暗法的不同而略有变化的面板，也是制作材质的主要场所。Blinn（布林）基本参数适用于瓷器、塑料等材质。当使用颜色与反光特性来描述这些材质时，主要在此区域内编辑，如图 6-8 所示。

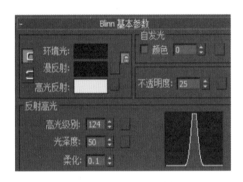

图 6-8　Blinn 基本参数

一个物体在光照的环境中，一般会出现 3 个亮度不同的区域，通过对这 3 个区域的颜色的编辑，就可确定此材质的特征，主要功能设置如下。

【环境光】：有环境光照射三维模型的区域颜色，为保持色调一致，由【漫反射】复制而来（单击某一颜色编辑区，将其拖至其他颜色编辑区即可进行颜色的复制），然后降低亮度。

【漫反射】：是物体的本色，光线直接照射的三维模型表面区域的颜色。【漫反射】与【环境光】两个区域之间颜色的过渡均匀、平滑。

【高光反射】：模型表面硬度越高、越平滑，高光区越接近于白色。其强度范围由反光加亮区参数控制。表现三维模型自身的性质。

【自发光】：材质自身发光，不受场景光线的制约。可以调整数值确定自身颜色发光的亮度值（0 ～ 100）。还可以单击颜色框，确定一个发光的颜色，影响材质发光颜色。

【不透明度】：默认值为100，不透明，低于100逐渐趋于透明，0 为完全透明。

反射高光选项区确定模型表面硬度、平滑度。右边示范窗口的塔形曲线高表示光强，塔基表示高光区范围。

【高光级别】：与材质的物理属性相关，一般是调节高光区的面积大小和高光区的亮度。

【光泽度】：数值越高，反射区越小，三维模型表面越平滑。

【柔化】：3 个受光区域之间的柔和过渡程度，值在 0 ～ 1 之间，数值高则不平滑。

6.3.3 扩展参数

扩展参数如图6-9所示，用于设定透明材质、反射、折射材质的控制参数及线框材质的单位和宽度参数等。

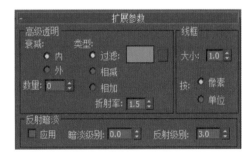

图 6-9　扩展参数

1．高级透明选项区

当【不透明度】值低于 100 后材质开始逐渐趋于透明，在【扩展参数】卷展栏的【高级透明】选项区中设有以下一些功能，可调整透明材质的衰减。

【内】：为默认选项。使用材质的模型的中心透明度高，边缘透明度低。适用于空心有厚度的玻璃制品。

【外】：选择此项后，使用材质的模型的中心透明度低，边缘透明度高。适用于实心物体。

【数量】：数值与衰减的程度成正比。

【过滤】：为默认选项。以右侧过滤色（一般应为漫反射区颜色）与其背景色（包括模型材质）相加确定材质的颜色，透明效果最为真实。

【相减】：选择此项后，材质的颜色与背景色简单相减。

【相加】：选择此项后，材质的颜色与背景色简单相加。

【折射率】：简称 IOR 值。光线穿过透明物体时会发生折射，不同物质折射率不同，例如，真空的折射率为 1，空气的折射率为 1.0003，水的折射率为 1.33，玻璃的折射率为 1.5 ～ 1.7，钻石的折射率为 2.419，二氧化碳或液体的折射率为 1.2，冰的折射率为 1.309，丙酮的折射率为 1.36，乙醇的折射率为 1.36，石英的折射率为 1.533 ～ 1.644，红宝石的折射率为 1.77，蓝宝石的折射率为 1.77。

2．线框选项区

【大小】：设定线框的粗细，但与【按】选项相关。

【像素】：为默认选项，宽度值为像素。不考虑透视，保持线框相同宽度。

【单位】：选择此项后，数值为系统使用的尺度单位。

3．反射暗淡选项区

反射暗淡选项区可以调整对象被赋予了反射效果之后产生的阴影部分的反射值的亮度。

【暗淡级别】：取值范围为 0 ～ 1。既可以调整反射部分的阴暗度，又可以调整对象环境光部分的反射率。

【反射级别】：取值范围为 0.1 ～ 10，默认值为 3。可以调整明亮部分的反射值。如果【暗淡级别】的值不为 0，那么此数值越高，反射的效果就越好。

6.4 反光材质的表现

本节通过对一个静物场景各物品的材质设计，介绍 3ds MAX 2018 材质编辑器玻璃材质、全反射金属材质和液体材质等的设计，案例的基本操作可扫描二维码观看。更多关于材质设计的方法的教学视频可扫描封底二维码下载学习。

6.4.1 玻璃材质的设定

❶ 打开本书配套素材文件夹中的 6-4-1.max 文件，按 M 键打开【材质编辑器】。进入 3ds MAX 2018【Slate 材质编辑器】模式。窗口的主要部分有：左侧的【材质 / 贴图浏览器】面板，可以在其中选择要添加到场景中的材质和贴图类型（或现成的材质）；中间的【视图】面板，其中的材质和贴图显示为可关联在一起的节点；右侧的【材质参数编辑器】，可以在其中编辑材质和贴图控件（见图 6-1）。提示：如果打开的是精简的【材质编辑器】，则在材质编辑器菜

单栏上，选择【模式 /Slate 材质编辑器】命令进行切换。精简的【材质编辑器】拥有更小的窗口，带有显眼的示例窗。

❷ 选择左侧材质类型中的【标准】类型材质球，按住鼠标左键将其拖至中间的视图区，如图 6-10 所示。双击标准材质节点，可在【Slate 材质编辑器】右侧的【材质参数编辑器】中显示相应材质的参数。

❸ 在【材质参数编辑器】顶部附近的材质【名称】字段中，输入【玻璃】作为材质名。

❹ 双击上方材质球，可放大样本球示例窗。双击下方贴图通道区域的任意位置，将在右方显示其材质参数。设置基本参数，勾选【双面】复选框，其他参数设定如图 6-11 所示。

图 6-10　拖动【标准】类型材质球

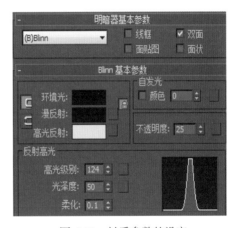

图 6-11　材质参数的设定

❺ 为其反射通道和折射通道添加【光线跟踪】贴图。操作为：拖动左侧【材质 / 贴图浏览器】的滚动条，在贴图类型中选择【光线跟踪】，并将其拖至中间的视图区，将其输出端的圆点拖至刚才建立的材质球的反射通道的输入端圆点上，如图 6-12 所示，此时双击贴图项目的下方，进入材质的下一级编辑，在右侧将出现如图 6-13 所示的【光线跟踪器参数】卷展栏。

❻ 在设置好【光线跟踪器参数】后，再次将其输出端的圆点拖至刚才建立的材质球的折射通道的输入端圆点上，如图 6-14 所示。这样就为材质的反射通道和折射通道都加入了【光线跟踪】贴图。

❼ 按 F10 键打开【渲染设置】窗口，选择【光线跟踪】选项卡，在全局光线抗锯齿器中选择【启用】和【快速自适应抗锯齿器】，如图 6-15 所示。此时，图 6-13 中的全局光线抗锯齿设置将自动打开。

❽ 在【Slate 材质编辑器】窗口中，双击材质球下方贴图通道任意处，在右方将打开材质参数各卷展栏，展开【贴图】卷展栏，重新设定反射和折射通道的值，如图 6-16 所示。选择透视视图中的两个酒瓶和高脚杯，单击将材质指定给选定对象。

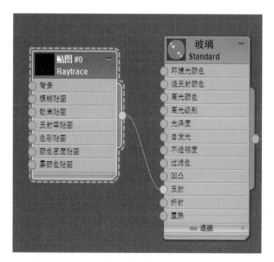

图 6-12　输出端与输入端对接

图 6-13　【光线跟踪器参数】卷展栏

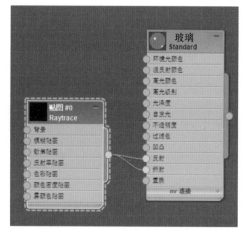

图 6-14　拖动至折射通道的输入端圆点

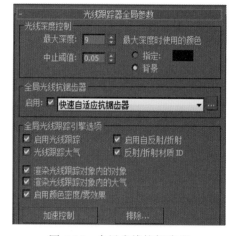

图 6-15　全局光线抗锯齿器

图 6-16　重新设定反射和折射通道的值

6.4.2　有颜色的酒

❶ 再次选择左侧材质类型中的【标准】类型材质球，按住鼠标左键拖至中间的视图区，双击下方贴图通道区域的任意位置，在右侧显示其材质参数。设定基本参数，单击环境光旁边的色块，设置酒的颜色（此处为红色），红色酒的基本材质参数如图 6-17 所示。

❷ 在【扩展参数】卷展栏中设置参数，如图 6-18 所示，将过滤色仍然设置为酒的颜色。注意一般水的【折射率】为 1.33，在这里设定高达 5 的【折射率】是考虑到最终的渲

染效果（其实在自然界中并没有达到这么高折射率的物质），5 的折射率在表现瓶中酒时效
果会更好。

图 6-17 红色酒的基本材质参数

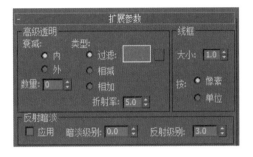

图 6-18 扩展参数

❸ 与上面玻璃材质的设置方法类似，为红色酒的反射通道和折射通道添加【光线跟踪】
贴图，注意【光线跟踪器参数】卷展栏中的【背景】使用红色，如图 6-19 所示，最后将材质
赋予酒。

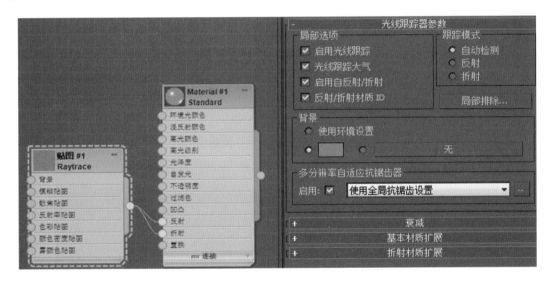

图 6-19 红色酒的光线跟踪设置

❹ 用同样的方法可以设置其他颜色的酒，此处不再赘述。

6.4.3 全反射金属材质

全反射金属材质需在其明暗法中选择【金属】，基本参数如图 6-20 所示，在其反射通道
使用【光线跟踪】贴图。将材质赋予瓶盖，以及桌子上的勺子、灯座和支架。

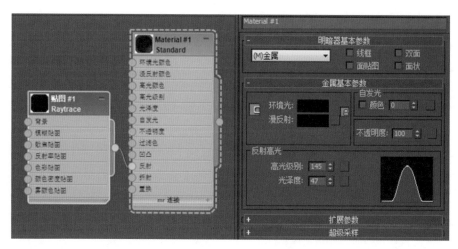

图 6-20　基本参数

6.4.4　灯罩、桌面及反光板的材质

❶ 灯罩的材质也是根据玻璃的材质衍生而来的，此时在材质编辑器的窗口中将要复制的材质球和贴图通道图标一起选中，按住 Shift 键复制选择对象，然后修改其参数，如图 6-21 所示，其中的蓝色可以根据自己喜好调节，另外还要注意，将复制的贴图通道中的折射通道的【光线跟踪】贴图取消。只要将其连接点拖到空白处，即可取消。

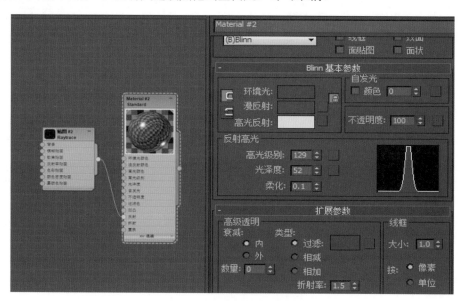

图 6-21　灯罩的材质参数

❷ 桌面的材质很简单，可设计简约的风格，这样整个画面的基调会比较统一。桌面材质的基本参数如图 6-22 所示，其中的蓝色也可以根据喜好调整。

❸ 在场景中必须设置反光板，这样可以模拟玻璃和金属的高光，使画面更具张力。设置反光板的方法很简单，只要建立一个薄的长方体，在各视图中调整其位置，将其放置在场景中

较暗的、需要用反光板反光的部位的上方，如图 6-23 所示。这与现实摄影中用反光板的目的相同。反光板可根据需要调整大小，并且可以用复制方法在场景中复制多块反光板。反光板在有反射的场景中很有效，材质设置也很简单，基本参数如图 6-24 所示，但需要注意的是：需要在场景视图中右键单击，在弹出的快捷菜单中选择【对象属性】，在打开的对话框中设置其属性为【对摄影机不可见】。

❹ 按 F10 键打开【渲染设置：NVIDIA mental ray】窗口，设置具体参数如图 6-25 所示，注意，此处选择了【NVIDIA mental ray】渲染器，【要渲染的区域】中选择【选定对象】，【输出大小】选择了一

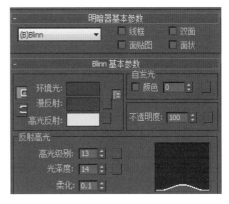

图 6-22　桌面材质的基本参数

个尺寸较小的格式，单击【渲染】按钮开始渲染。由于玻璃材质涉及大量反射和折射的材质，使得渲染速度很慢，所以先选择一个物体，进行渲染，如果计算机配置较好，可以多选择几个物体渲染。图 6-26 为最终渲染效果。

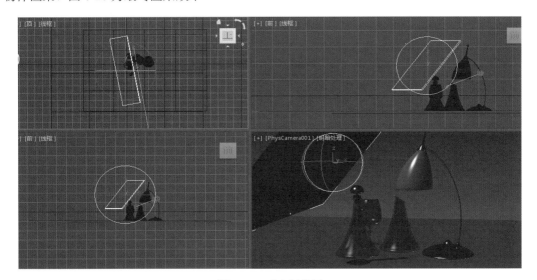

图 6-23　反光板位置

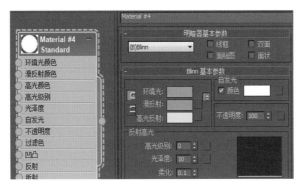

图 6-24　基本参数

图 6-25　设置具体参数

图 6-26　最终渲染效果

6.5　魔法师道具

本节通过对魔法师道具场景中各个物品的材质设计，介绍 3ds MAX 2018 材质编辑器中黄金材质、玛瑙石材质和陶器等材质的设计，案例的基本操作可扫描二维码观看。更多关于材质设计的方法的教学视频可扫描封底二维码下载学习。

6.5.1　魔杖前端和两翼的黄金材质

❶ 打开本书配套素材文件夹中的 6-5-1.max 文件。本节的金属材质就是参考 6.4 节金属材质的设置方法生成的。首先，新建一个【标准】材质球，我们要将魔杖的前端和两翼设置为亮丽的金属效果。先制作两翼的材质，在这里使用的是贴图反射，而非真实反射，在【材质编辑器】的【明暗器基本参数】卷展栏中将阴影模式改为【金属】，基本参数设置如图 6-27 所示。

图 6-27　基本参数设置

❷ 设置【环境光】的颜色为纯黑色，【漫反射】颜色的 RGB 值参考（220,180,100）。在
【材质/贴图浏览器】中选择【混合】贴图，并将其拖入视图 1，如图 6-28 所示。

图 6-28 【混合】贴图

❸ 在【混合】的【颜色 1】通道插入一张位图，选择本书配套素材文件夹中的 WATCH.jpg，
【颜色 2】通道选择【光线跟踪】贴图方式，【混合量】选择【衰减】贴图方式。将混合贴图连接
到黄金材质球的反射通道上，如图 6-29 所示。最后将调制好的金属材质赋予场景中相应的物体。

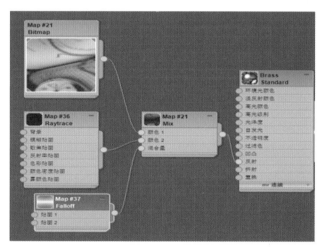

图 6-29 【混合】贴图设置

6.5.2 魔杖底部的凹凸花纹

❶ 魔杖底部的凹凸花纹材质是在前面金属材质的基础上编辑的。复制前面设置的金属材
质，直接拖动编辑好的金属材质到一个空白的材质球即可，注意更改复制后的材质名称。

❷ 其【漫反射颜色】通道，仍然使用【混合】贴图方式，【颜色 1】通道插入一张位
图，选择本书配套素材文件夹中的 MugDiffuse.jpg。双击【颜色 2】通道，在其右侧的【混
合参数】卷展栏中单击【颜色 #2】右侧的颜色块，选择深灰色（77,77,77），【混合量】选
择【衰减】贴图方式。将混合贴图连接到材质球的【漫反射颜色】通道上。将材质球的【凹

凸】通道连接一个与MugDiffuse.jpg配套的凹凸【位图】，选择本书配套素材文件夹中的 MugBump.jpg，魔杖底部材质设置如图6-30所示，且这两张位图的参数要一致，设置参数如图6-31所示。

❸将设定好的材质赋予魔杖底部，渲染效果如图6-32所示。

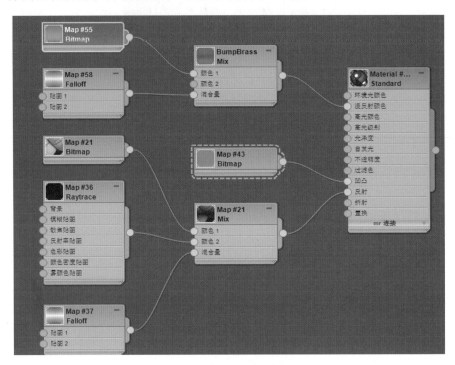

图6-30　魔杖底部材质设置

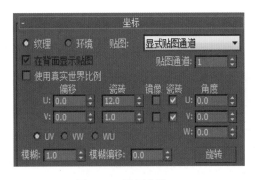

图6-31　设置参数

图6-32　渲染效果

❹金属材质已经设置完成，分别赋予场景中的物体，可以参考最终效果图，也可以自己设计。场景中陶器的金边部分也是使用的金属材质，具体操作方法将在后续内容详细介绍。

6.5.3　玛瑙石的材质

❶玛瑙石的材质是用【光线跟踪】材质实现的。在【材质/贴图浏览器】中选择【光线跟踪】材质，拖到视图区后双击，在【光线跟踪基本参数】卷展栏中将【明暗处理】设为

【Phong】，设置【环境光】、【发光度】和【反射】为纯黑色，【透明度】为宝石的颜色，如图 6-33 所示。

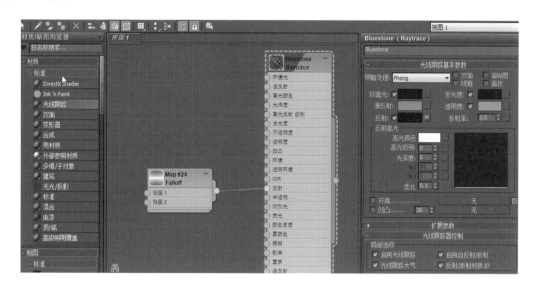

图 6-33　光线跟踪基本参数

❷ 参数中的【折射率】为 3，高于钻石的折射率，此处设置主要是为了使渲染得到更亮丽的玛瑙石材质效果，设置【高光级别】和【光泽度】为 0，这样玛瑙石的材质会呈现深邃的效果。

❸ 选择【衰减】贴图类型拖至材质视图区，将其连接到材质的【反射】通道，双击衰减图标，设置参数如图 6-34 所示。

❹ 按 F9 键快速渲染场景，蓝色玛瑙石的渲染效果如图 6-35 所示。

图 6-34　设置参数

图 6-35　蓝色玛瑙石的渲染效果

❺ 魔杖的手柄部分与场景中的其他玛瑙球同样采用玛瑙石材质，只需适当调节面板中【光线跟踪基本参数】中的【漫反射】和【透明度】的颜色就可得到，魔杖手柄部分材质设置如图 6-36 所示。

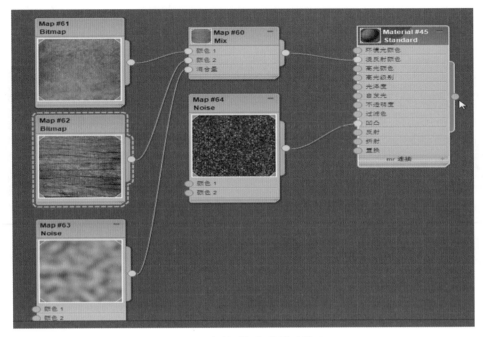

图 6-36 魔杖手柄部分材质设置

6.5.4 木纹的材质

❶ 木纹的桌面使用的是【标准】材质，其【漫反射颜色】通道使用的是【混合】贴图方式，【颜色 #1】选择【位图】贴图方式，位图选择本书配套素材文件夹中的 DSC_1888.jpg 文件，【颜色 #2】选择【位图】贴图方式，位图选择本书配套素材文件夹中的 DSC_1986.jpg 文件，【混合量】选择【噪波】贴图方式。

❷ 在【凹凸】通道选择【噪波】贴图方式，将【噪波】在【X】、【Y】、【Z】的方向上重复 5 次，设置参数如图 6-37 所示。在桌面的【修改】命令面板中，为其添加【UVW 贴图】修改器，选择材质球，将材质赋予桌面。

图 6-37 设置参数

6.5.5 地图的材质

❶ 选择地图物体，右键单击，在弹出的快捷菜单中选择【孤立当前选择】，在【修改】命令面板中为其添加一个【编辑网格】修改器，选择【多边形】子物体级，按 Ctrl+A 组合快捷键选择地图上的多边形，将地图的多边形分成两组，四边 ID 为 2，其他 ID 为 1，如图 6-38 所示。

❷ 选择【多维 / 子对象】材质类型，将其拖至视图区，双击后在右边出现的【多维 / 子对象基本参数】卷展栏中单击【设置数量】按钮，将其设置为 2，如图 6-39 所示。

❸ 地图的 1 号材质是【标准】材质，其【漫反射颜色】通道插入一张【位图】，选择本书配套素材文件夹中的 map.jpg，参数设置如图 6-40 所示，【凹凸】通道也插入一张【位图】，选

择本书配套素材文件夹中的 CARPTTAN.jpg，参数设置如图 6-41 所示。

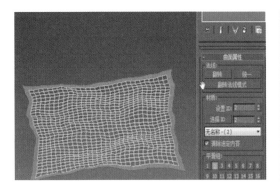

图 6-38　将地图的多边形分成两组

图 6-39　多维 / 子对象基本参数

图 6-40　参数设置

图 6-41　参数设置

❹ 地图的 2 号材质，直接引用前面设计的黄金材质，只需将黄金材质的节点拖到 2 号材质的输入端即可，如图 6-42 所示。

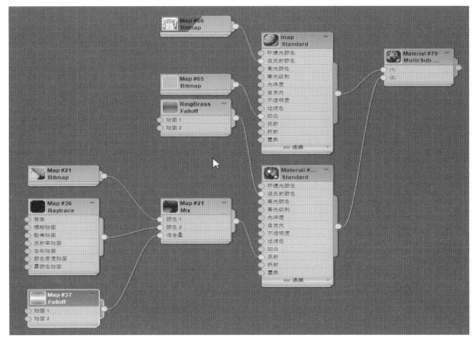

图 6-42　地图的 2 号材质

❺ 在视图中右键单击，在弹出的快捷菜单中选择【结束隔离】。为地图施加【UVW 贴图】修改器，并选择【平面】方式。再回到材质编辑器，将所设计的材质指定给地图，观察结果。

6.5.6 陶器的材质

❶ 陶器的材质也是【多维 / 子对象】材质，大部分 ID 为 1，有金色装饰的部分的 ID 为 2，设置方法可参考 6.5.5 节。

❷ 1 号材质为【标准】材质，在【漫反射颜色】通道使用了【混合】贴图方式，【颜色 #1】选择【位图】贴图方式，位图选择本书配套素材文件夹中的 DSC_1887.jpg，【颜色 #2】选择【位图】贴图方式，位图选择本书配套素材文件夹中的 DSC_1960.jpg，【混合量】选择【噪波】。【凹凸】通道选择【噪波】贴图类型，将【噪波】在【X】、【Y】、【Z】的方向上重复 50 次。

❸ 2 号材质直接引用前面设计的黄金材质，所以只要将黄金材质的节点拖到 2 号材质的输入端即可。将所设计的材质指定给陶器，陶器的材质结构如图 6-43 所示。

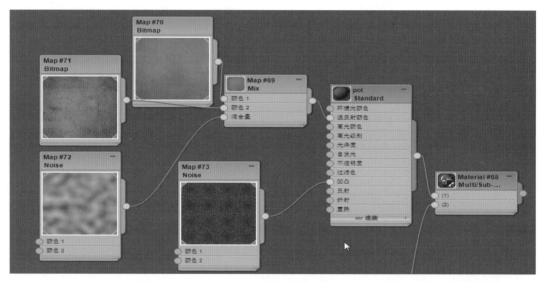

图 6-43　陶器的材质结构

❹ 还有一点需要注意，在有反射的场景中，设置反光板至关重要，制作方法可参考前面的讲解。赋予材质后的最终效果如图 6-44 所示。

6.6　怀旧风格

本节将对一个静物场景中的各个物品进行材质设计，通过 3ds MAX 2018 材质编辑器设计年代久远的旧金属和布料的材质，案例的基本操作可扫描二维码观看。更多关于材质设计的方法的教学视频可扫描封底二维码下载学习。

图 6-44　赋予材质后的最终效果

6.6.1　金属和布料的旧化效果

❶ 打开本书配套素材文件夹中的 6-6-1.max。桅灯的外表金属材质与 6.5.1 节中设置的黄金材质类似。为了表现外表金属的旧化效果，其外表金属材质设置结构如图 6-45 所示，基本参数设置如图 6-46 所示。

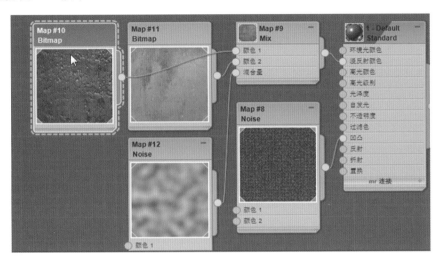

图 6-45　外表金属材质设置结构

❷【漫反射颜色】通道使用了【混合】贴图方式，【颜色 #1】选择【位图】贴图方式，位图选择本书配套素材文件夹中的 OLDMETAL.jpg，【颜色 #2】选择【位图】贴图方式，位图选择本书配套素材文件夹中的 PLATEOX2.jpg，【混合量】选择【噪波】贴图方式。在【凹凸】通道，选择【噪波】贴图方式，将【噪波】在【X】、【Y】、【Z】的方向上重复 30 次，如图 6-47 所示。

❸ 桅灯外表金属与前面案例的讲解类似，必须为其各部分添加【UVW 贴图】修改器。修改后的旧金属表面的渲染效果如图 6-48 所示。

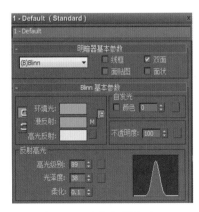

图 6-46　基本参数设置

图 6-47　参数设置

图 6-48　修改后的旧金属表面的渲染效果

❹ 桅灯的玻璃材质设置相对简单，可以参见 6.4.1 节中玻璃材质的设置。

❺ 布料材质的设定，其【漫反射颜色】通道和【凹凸】通道使用的是同一张【位图】，位

图选择本书配套素材文件夹中的 CARPTTAN.jpg，具体参数设置如图 6-49 所示。

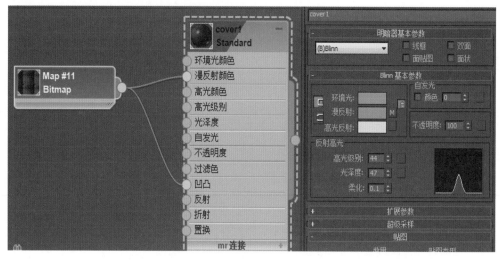

图 6-49　具体参数设置

❻ 在【贴图】卷展栏中设置凹凸的数量，由 30 改为 60，增加凹凸的强度，如图 6-50 所示，观察效果图中的渲染效果。单击【漫反射颜色】旁的对应贴图类型按钮，进入贴图通道，将【坐标】卷展栏中的【瓷砖】数增加，如图 6-51 所示。

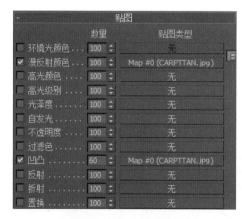

图 6-50　【贴图】卷展栏

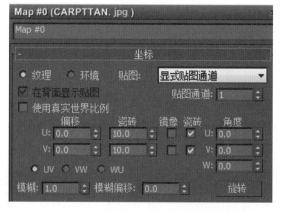

图 6-51　【坐标】卷展栏

❼ 对布料进行设置的后的渲染效果如图 6-52 所示。

6.6.2　书的材质

在场景中继续设置书的材质，书的材质效果如图 6-53 所示。

❶ 进行书页的材质设定。分别为左边页面和右边页面添加【UVW 贴图】修改器，选择【平面】的贴图方式。

❷ 左边页面的材质球如图 6-54（a）所示。其【漫反射颜色】通道插入了【位图】，位图选择本书配套素

图 6-52　渲染效果

材文件夹中的 page1.jpg，在视图中可能会发生贴图错位现象，在【修改】命令面板中调节【长度】和【宽度】的参数，同时观察视图中的效果，使贴图的位置与物体的位置对齐即可。添加适当的凹凸纹理来增加真实度，在【凹凸】通道，选择【噪波】贴图方式，参数设置如图 6-54（b）所示。

❸ 使用同样的方法设置书右边页面的材质，需要新建一个材质球，位图选择本书配套素材文件夹中的 page2.jpg.

❹ 最后设置书的封面材质。为书的封面添加【UVW 贴图】修改器，选择【长方体】贴图

图 6-53　书的材质效果

方式，新建材质球，用同样的方法设置书的封面材质，位图选择本书配套素材文件夹中的 LEATHE ～ 1.jpg。

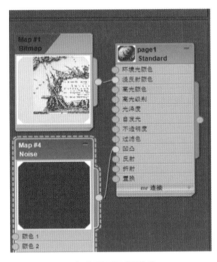

（a）左边页面的材质球

（b）参数设置

图 6-54　书页面的材质

6.6.3　其他材质

场景中还添加了一些细节元素，使场景更加耐看。可将前面讲解的材质设置参数稍做修改，生成新材质，并赋予对应的物体模型，最后合成的怀旧风格场景效果如图 6-55 所示。注意别忘了为反光板设置材质。

6.7　室外设施及建筑物的材质

本节使用 3ds MAX 2018 材质编辑器进行室外

图 6-55　最后合成的怀旧风格场景效果

设施及建筑物的材质的设计。案例的基本操作可扫描二维码观看，更多关于材质设计的方法的教学视频可扫描封底二维码下载学习。

6.7.1　油罐的材质

❶ 打开本书配套素材文件夹中的 6-7-1.max 文件。选中 3 个油罐，单击右键，在弹出的快捷菜单中选择【孤立当前选择】。（其关闭操作是：再次单击右键，在弹出的快捷菜单中选择【结束隔离】。）

❷ 按 M 键打开【Slate 材质编辑器】，在【Slate 材质编辑器】中将此材质命名为【油罐】。

❸ 选择【标准】材质，选择一种颜色（如黄色），将其【高光级别】设为 90，【光泽度】设为 48，并将设定好参数的材质赋予油罐，如图 6-56 所示。

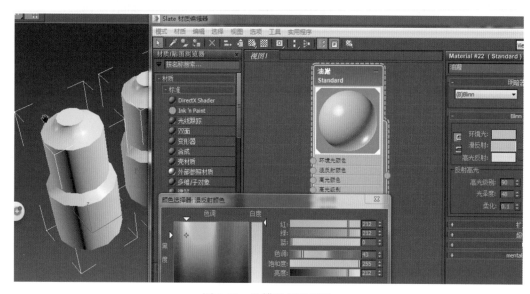

图 6-56　油罐的材质设置

6.7.2　弹药箱的材质

❶ 在场景中再次选择油罐，右键单击，在弹出的快捷菜单中选择【结束隔离】。

❷ 选择弹药箱，右键单击，在弹出的快捷菜单中选择【孤立当前选择】。

❸ 按 M 键打开【Slate 材质编辑器】，在【Slate 材质编辑器】中将此材质命名为【弹药箱】。

❹ 将【材质 / 贴图浏览器】面板中【标准】材质拖动到视图区。再找到【位图】类型，将此贴图类型拖动到视图区。位图选择本书配套素材文件夹中的 6-7-1.jpg。将此【位图】的输出节点连接到【漫反射颜色】通道的输入节点，如图 6-57 所示。

❺ 在【Slate 材质编辑器】的工具栏中单击【视图中显示明暗处理材质】按钮，再单击【将材质指定给选定对象】按钮。此时发现贴图有些地方的纹理并不合适，需要做进一步调整。打开【修改】命令面板，选择【UVW 贴图】，在【参数】卷展栏的【贴图】中选择【长方体】，并将【长度】、【宽度】和【高度】均设置为 2m，如图 6-58 所示。

图 6-57　连接

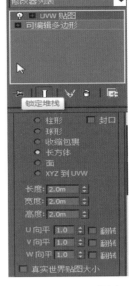

图 6-58　UVW 贴图

⑥ 为弹药箱添加完材质后的渲染效果如图 6-59 所示。

6.7.3　地形的材质

地形材质的设置方法与弹药箱类似，只有两点不同：①【漫反射颜色】通道贴的位图选择本书配套素材文件夹中的 6-7-2.jpg；② 进行【UVW 贴图】修改后，在【参数】卷展栏的【贴图】中选择【平面】方式。地形的材质设置如图 6-60 所示。

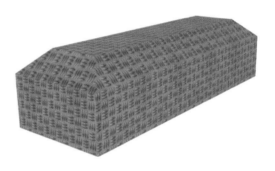

图 6-59　为弹药箱添加完材质后的渲染效果

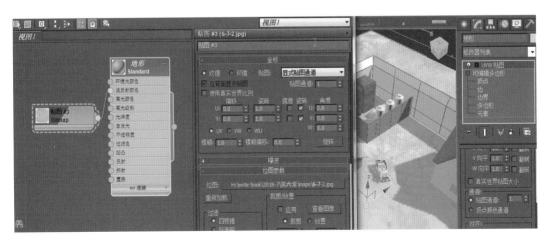

图 6-60　地形的材质设置

6.7.4 发电机的材质

❶ 在场景中选择两个发电机物体，右键单击，在弹出的快捷菜单中选择【孤立当前选择】。

❷ 按 M 键打开【Slate 材质编辑器】，在【Slate 材质编辑器】中将此材质命名为【发电机】。

❸ 将【材质 / 贴图浏览器】面板中【标准】材质拖动到视图区。再找到【噪波】类型，将此贴图类型拖动到视图区。将【噪波】的输出节点连接到【漫反射颜色】通道的输入节点。

❹ 双击【噪波】节点显示其参数。在【噪波参数】卷展栏中，将【颜色 #1】更改为深绿色，将【颜色 #2】更改为棕褐色，更改【噪波阈值】，将【高】设置为 0.51，【低】设置为 0.48，将【大小】设置为 19，如图 6-61 所示。

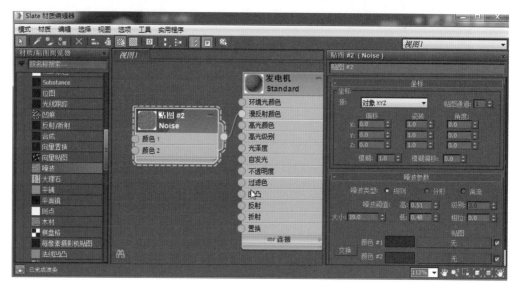

图 6-61　发电机的材质设置

❺ 重新单击【发电机】材质节点将其激活，并将材质指定给选定对象，然后单击启用【视图中显示明暗处理材质】。

❻ 为发电机添加完材质后的渲染效果如图 6-62 所示。

6.7.5 营房墙壁的材质

❶ 营房墙壁材质的设置方法与前面类似。选择营房墙壁，右键单击，在弹出的快捷菜单中选择【孤立当前选择】。

❷ 按 M 键打开【Slate 材质编辑器】，在【Slate 材质编辑器】中将此材质命名为【墙壁】。

❸ 将【材质 / 贴图浏览器】面板中【标准】材质拖动到视图区。再找到【位图】类型，将

图 6-62　为发电机添加完材质后的渲染效果

此贴图类型拖动到视图区。位图选择本书配套素材文件夹中的 6-7-3.jpg。将此【位图】的输出节点连接到【漫反射颜色】通道的输入节点。使用【UVW 贴图】修改器时，将【参数】卷展栏【贴图】中的投影类型更改为【长方体】。同时将【长度】、【宽度】和【高度】均设置为 4m。

❹ 在【Slate 材质编辑器】的菜单栏选择【选项 / 将材质传播到实例】，将材质应用到同属于一种类型的所有对象中。将【墙壁】材质的输出节点拖动到最左边的营房墙壁上。现在所有 3 个营房均会显示【墙壁】材质。

❺ 将【材质 / 贴图浏览器】面板中的【标准】材质拖动到视图区。再找到【位图】类型，将此贴图类型拖动到视图区。位图选择本书配套素材文件夹中的 6-7-3bump.jpg。将此【位图】的输出节点连接到【凹凸】通道的输入节点，如图 6-63 所示。【凹凸】通道只接收灰度信息，颜色浅的区域显得更凸起，颜色深的区域显得更凹陷，通常模拟比较小的凹凸变化。

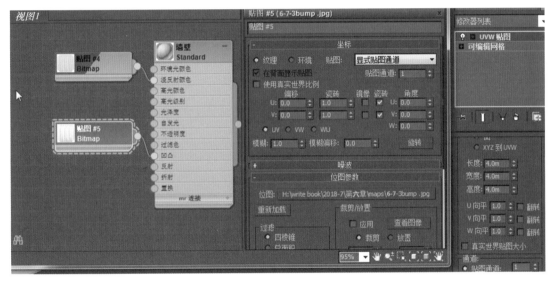

图 6-63　墙壁材质的设置

❻ 双击【墙壁】材质节点，然后在【贴图】卷展栏中将【凹凸量】增加到 75。单击【将材质指定给选定对象】按钮，然后再单击启用【视图中显示明暗处理材质】。

6.7.6　营房的屋顶的材质

❶ 屋顶材质的设置与墙壁材质类似，部分设置步骤不再赘述。新建【标准】材质，将其命名为【屋顶】。【漫反射颜色】通道连接的位图选择本书配套素材文件夹中的 6-7-4.jpg，【凹凸】通道连接的位图选择本书配套素材文件夹中的 6-7-4bump.jpg。双击纹理中的【位图】节点，在【坐标】卷展栏中将角度中的【W】改为 90，如图 6-64 所示。

❷ 双击【屋顶】材质节点，在【贴图】卷展栏中将【凹凸量】增加到 90。

❸ 切换到【修改】命令面板，使用【UVW 贴图】修改器，将投影类型改为【平面】。同时将【长度】、【宽度】设置为 7m。在【参数】卷展栏的【对齐】中选择【Y】作为对齐轴，单击【适配】按钮。最后单击主工具栏的【渲染产品】按钮查看渲染效果。

❹ 继续对营房地板的材质进行设置，方法类似。营房的最终渲染效果如图 6-65 所示。

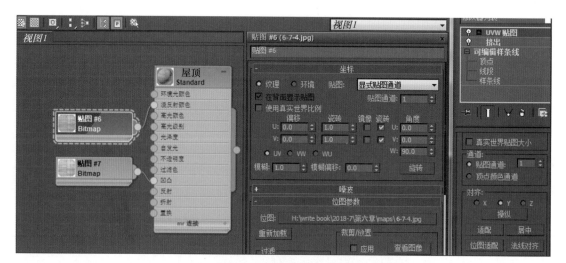

图 6-64 屋顶材质的设置

图 6-65 营房的最终渲染效果

6.7.7 岗亭的材质

❶ 按 M 键打开【Slate 材质编辑器】，在其左侧的【材质 / 贴图浏览器】中拖动滚动条，直到找到【场景材质】卷展栏，找到前面设置过的营房地板的材质，将其拖动到视图区，在打开的对话框中选择【实例】，并单击【确定】按钮。

❷ 调整材质编辑器和视图中岗亭地板的位置，使二者都可见，拖动营房地板材质右侧的输出节点到视图中岗亭的地板上，如图 6-66 所示。此时岗亭地板有了材质，但效果并不理想。

❸ 在视图中找到营房地板，并打开其【修改器堆栈】，按 Ctrl 键拖动【修改器堆栈】中的【UVW 贴图】项放到视图中的岗亭地板上。此时再打开岗亭地板的【修改器堆栈】，可以看到其上也多出了一个【UVW 贴图】项，并且岗亭地板的贴图也已经合适。

❹ 上面的步骤描述了将营房地板的材质实例复制给岗亭地板的材质，将营房地板的【UVW 贴图】修改器实例复制给岗亭地板，作为其【UVW 贴图】修改器的方法。对于岗亭屋顶和墙壁的材质，请按照岗亭地板材质制作的相同步骤，复制营房屋顶和墙壁材质，此处不再赘述。

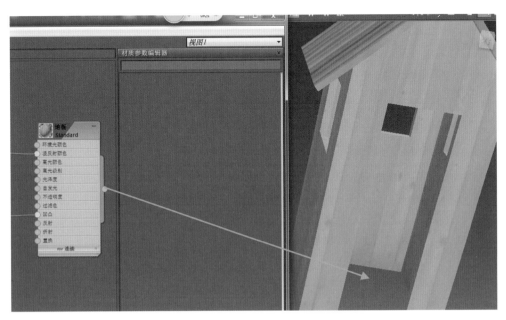

图 6-66　拖动

6.7.8　岗亭栏杆的材质

❶ 选择岗亭栏杆对象。在【Slate 材质编辑器】中，将一个新的【标准】材质拖动到视区，并重命名为【岗亭栏杆】。

❷ 将【材质 / 贴图浏览器】面板中【渐变坡度】贴图类型拖动到视图中，将其输出节点连接到【岗亭栏杆】材质【漫反射颜色】通道的输入节点。

❸ 双击【渐变坡度】节点查看其参数。在【渐变坡度参数】卷展栏中，将【插值】类型更改为【实体】。该渐变显示将更改为两个实体颜色，其中一个为黑色。双击渐变显示中间的箭头形状滑块，可以控制其右侧的颜色，将另一个渐变颜色更改为橙色。在【坐标】卷展栏中，将瓷砖的【U】改为 10，角度的【W】改为 –2.5，如图 6-67 所示。

❹ 最后将材质指定给选定对象，渲染效果如图 6-68 所示。

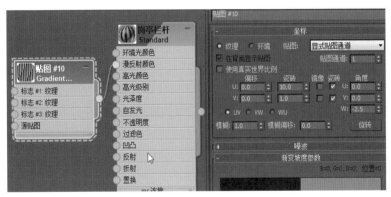

图6-67　岗亭栏杆材质的设置

图6-68　渲染效果

6.7.9 场地围栏的材质

❶ 围栏由两部分组成：框架和网眼。在【材质编辑器】中，将一个新的【标准】材质拖动到视图区，双击该节点，将材质命名为【框架】。

❷ 在【Blinn 基本参数】卷展栏中，设置【漫反射】的颜色为亮灰色，RGB 的参考值为（188,188,188）。

❸ 再次单击【框架】材质节点将其激活。按 H 键打开【从场景选择】对话框，选择围栏框架、左门框架、右门框架，以及小围栏框架，将材质指定给选定对象。

❹ 在【材质编辑器】中，将一个新的【标准】材质拖动到视图区，双击该节点，然后将新材质命名为【网眼】。在【明暗器基本参数】卷展栏中启用【双面】。

❺ 再找到【位图】类型，将此贴图类型拖动到视图区。位图选择本书配套素材文件夹中的 6-7-5.jpg。将此【位图】的输出节点连接到【网眼】材质的【漫反射颜色】通道的输入节点。然后再次将其输出节点连线到【网眼】材质的【不透明度】通道的输入节点。与凹凸贴图类似，在不透明度贴图中，黑色区域透明而白色区域不透明（灰色值可以创造出某种程度的半透明效果），如图 6-69 所示。

❻ 选择围栏网眼、左门网眼、右门网眼，以及小围栏网眼。转至【修改】命令面板，并添加【UVW 贴图】修改器，将贴图投影类型更改为【长方体】，然后将【长度】、【宽度】和【高度】均设置为 0.5m。图 6-70 是使用透明贴图后的局部渲染效果。

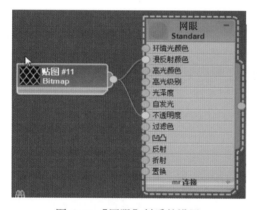

图 6-69 【网眼】材质的设置　　　　图 6-70　使用透明贴图后的局部渲染效果

6.7.10 别墅的材质

1．别墅墙壁

❶ 别墅所有墙壁的材质均可采用如下方法设置。选择别墅的墙壁，打开【Slate 材质编辑器】，将【材质 / 贴图浏览器】面板中一个新的【标准】材质拖动到视图区，并命名为【别墅墙壁】。再找到【位图】类型，将此贴图类型拖动到视图区。位图选择本书配套素材文件夹中的 6-7-6.jpg。将此【位图】的输出节点连接到【别墅墙壁】材质节点的【漫反射颜色】和【凹凸】通道的输入节点。双击【别墅墙壁】材质节点查看其参数。在【贴图】卷展栏中将【凹凸量】更改为 90。

❷ 转至【修改】命令面板，为房屋墙壁添加【UVW 贴图】修改器。将贴图投影设置更改

为【长方体】，并将【长度】、【宽度】和【高度】均设置为 5m。

2．别墅屋顶

❶ 打开【Slate 材质编辑器】，将【材质 / 贴图浏览器】面板中一个新的【标准】材质拖动到视图区，并命名为【别墅屋顶】。再找到【位图】类型，将此贴图类型拖动到视图区。位图选择本书配套素材文件夹中的 6-7-7.jpg。将此【位图】的输出节点连接到【别墅屋顶】材质节点的【漫反射颜色】通道的输入节点。

❷ 转至【修改】命令面板，在【修改器列表】中选择【贴图缩放器】。【贴图缩放器】修改器将与对象（本例中为别墅屋顶）保持相应的贴图比例，且在默认情况下，该修改器将包裹纹理，因此鹅卵石将沿着别墅屋顶的角度铺设。适当调整【比例】参数，可观察到理想的纹理效果，鹅卵石纹理如图 6-71 所示。提示：并非所有的游戏引擎都可以识别【贴图缩放器】修改器，但是如果应用了【贴图缩放器】，然后将对象塌陷至可编辑网格或可编辑多边形，则可实现纹理贴图烘焙模型，且游戏引擎将识别贴图。

3．别墅窗口、别墅门

❶ 打开【Slate 材质编辑器】，将【材质 / 贴图浏览器】面板中一个新的【标准】材质拖动到视图区，并命名为【别墅窗口】。在【明暗器基本参数】卷展栏中，启用【面贴图】（启用后，纹理贴图将分别应用到对象的每个面上）。

❷ 再找到【位图】类型，将此贴图类型拖动到视图区。位图选择本书配套素材文件夹中的 6-7-8.jpg。将此【位图】的输出节点连接到【别墅窗口】材质节点的【漫反射颜色】通道的输入节点。将材质指定给别墅窗口。

❸ 打开【Slate 材质编辑器】，将【材质 / 贴图浏览器】面板中一个新的【标准】材质拖动到视图区，并命名为【别墅门】。

❹ 再找到【位图】类型，将此贴图类型拖动到视图区。位图选择本书配套素材文件夹中的 6-7-9.jpg。将此【位图】的输出节点连接到【别墅门】材质节点的【漫反射颜色】通道的输入节点。

❺ 再找到【位图】类型，将此贴图类型拖动到视图区。位图选择本书配套素材文件夹中的 6-7-9bump.jpg。将此【位图】的输出节点连接到【别墅门】材质节点的【凹凸】通道的输入节点。将【凹凸量】增加到 70。并为别墅门添加【UVW 贴图】修改器，将贴图投影更改为【长方体】，并将【长度】、【宽度】和【高度】均设置为 4m。将材质指定给别墅门。别墅的最终效果如图 6-72 所示。

图 6-71　鹅卵石纹理

图 6-72　别墅的最终效果

4. 车库

❶ 在【材质编辑器】中，将【别墅门】材质的输出节点拖动到车库墙壁和车库门上（包括车库、车库右门、车库左门对象）。选择别墅门，按住 Ctrl 键并将【UVW 贴图】从修改器堆栈拖动到车库墙壁和车库门上。

❷ 可将营房地板材质用于车库地板。在【材质编辑器】中，将【营房地板】材质的输出节点拖动到车库地板上。选择营房地板对象之一，按住 Ctrl 键，将【UVW 贴图】从修改器堆栈拖动到车库地板上。

❸ 在【材质编辑器】中，将【屋顶】材质的输出节点拖动到车库屋顶上。选择车库屋顶，将【UVW 贴图】修改器应用到车库屋顶。将贴图投影设置保持为【平面】，在【对齐】中，将对齐轴更改为【Y】，在【贴图】中，将【长度】和【宽度】更改为 4m。

❹ 现在，军队营地场景设置完成。右键单击视图标签，然后选择【摄影机 /Camera01】，单击【渲染产品】按钮以查看最终结果。

6.8 原始建筑物的"反向工程"

本节利用多边形建模方法，对建筑物的照片进行"反向工程"建模，并使用【UVW 展开】修改器设置材质贴图，案例的基本操作可扫描二维码观看。本章更多关于材质设计的方法的教学视频可扫描封底二维码下载学习。

6.8.1 模型的创建

1. 构造主立面的平面

❶ 在主菜单中选择【渲染 / 查看图像文件】。在打开的【查看文件】对话框中，打开本书配套素材文件夹中的 FF1.jpg。在【查看文件】对话框的左下角，有一个状态条，显示图像的尺寸，即 1533×1200 像素，它将会成为主立面的纵横比。单击【打开】按钮以实际大小查看图像。查看后关闭图像窗口。

❷ 在【创建】命令面板中单击【几何体】按钮，将其激活，然后在【对象类型】卷展栏中选择【平面】。在前视图靠近中心处，拖动鼠标创建一个平面。在其【参数】卷展栏中，设置【长度】为 8.7m，【宽度】为 6.8m（这个尺寸大致相当于图像的纵横尺寸）。将【长度分段】和【宽度分段】改为 1。勾选【生成贴图坐标】复选框，取消勾选【真实世界贴图大小】复选框。将平面名称重命名为 FF1。

❸ 转至【层次】命令面板。在【调整轴】卷展栏中启用【仅影响轴】，将轴垂直移动至 FF1 平面的底部。禁用【仅影响轴】。使用【移动】工具，移动平面的轴，使其位于原点位置（0,0,0）。

❹ 右键单击 FF1，在弹出的四元菜单的【变换】区域选择【转换为 / 转换为可编辑多边形】。

❺ 打开【Slate 材质编辑器】。在【材质 / 贴图浏览器】面板中找到【mental ray】，然后将【Arch & Design】拖动到视图区。双击【Arch & Design】材质节点，在【模板】卷展栏中的选择模板下拉列表中选择【无光磨光】，如图 6-73 所示。

❻ 与前面案例的设置方法类似，再找到【位图】类型，并拖动到视图区，位图选择本书

配套素材文件夹中的 FF1.jpg。将此【位图】的输出节点连接到材质的【漫反射颜色贴图】和【凹凸贴图】通道的输入节点，如图 6-74 所示。

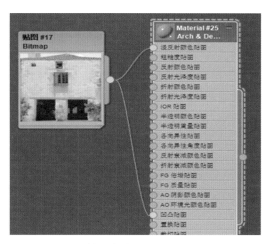

图 6-73 【模板】卷展栏

图 6-74 【漫反射颜色贴图】和【凹凸贴图】通道

❼ 然后在【Slate 材质编辑器】的工具栏中单击【将材质指定给选定对象】按钮。同时在工具栏上单击启用【视图中显示明暗处理材质】。（如果使用传统视图驱动程序，则此按钮显示【在视图中显示标准贴图】。）

2. 设置场景

❶ 选择 FF1，然后转至【修改】命令面板。先从【修改器列表】中选择【多边形选择】，再选择【UVW 贴图】，为其添加两个修改器。然后在修改器堆栈中，选择【可编辑多边形】，如图 6-75 所示。

❷ 确保全部层级的按钮（显示最终结果开 / 关切换）是启用状态。这样在编辑子物体级时，也会使视图在其最终位置处始终显示实际尺寸的位图。

❸ 选择修改器堆栈中的【可编辑多边形】，确保其【细分曲面】卷展栏中的【显示框架】复选框已经勾选。【显示框架】后面的第 2 个色样就是高亮显示的多边形的颜色，由此可以更改选定面的颜色，如图 6-76 所示。

图 6-75 【修改】命令面板

图 6-76 【细分曲面】卷展栏

3. 窗户的建模

❶ 在修改器堆栈中，单击激活【可编辑多边形】。在主工具栏中单击【石墨建模工具】按钮 。在【建模】选项卡的【多边形建模】面板中选择【边】子物体级。在【编辑几何体】卷展栏中选择【保持 UV】。在视图中选择 FF1 的上边缘，然后使用【移动】工具将其向下移动，将屋顶隐藏。

❷ 按 F4 键，确保显示边面。在【建模】选项卡的【编辑】面板中单击【快速循环】按钮。在靠近上边缘的地方向主立面拖动，3ds MAX 2018 将构造出一条可以移动的垂直边，沿几个窗和门的竖边构造几条竖线边，同样添加水平循环，定义窗户的顶部和底部，如图 6-77 所示。为水平横楣梁和门口添加边线，如图 6-78 所示。单击右键，关闭【快速循环】工具。

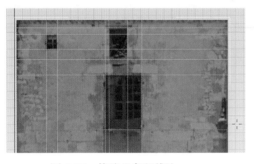

图 6-77　构造几条竖线边

图 6-78　为水平横楣梁和门口添加边线

❸ 选择 FF1，转至【可编辑多边形】，选择【多边形】子物体级。使用【选择】工具，按住 Ctrl 键并单击，以选择顶部中间窗户的三个面。在功能区的【多边形】面板中单击【挤出】按钮旁边的下拉箭头，选择【挤出设置】。拖动【高度】旁边的箭头，将窗户挤出 –0.05m，单击【确定】按钮，完成挤出，如图 6-79 所示。

❹ 使用同样的方法增加另外两个窗户的立体感，左上方小窗户挤出 –0.05m，墙中央主窗户挤出 –0.1m。墙体上半部分的建模就此完成，如图 6-80 所示。

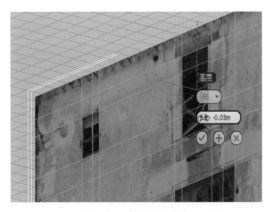

图 6-79　挤出多边形

图 6-80　墙体上半部分

4. 门楣的建模

❶ 在功能区中选择【顶点】，转至【顶点】子物体级。在门楣的左端，使用【移动】工具移动下方的顶点，使其与门楣的轮廓线一致，如图 6-81 所示。

❷ 在门楣穿越两个门之间的中间立柱处，单击【快速循环】按钮，然后在柱石向梁内形成一个角度的地方添加一个新的垂直循环，如图 6-82 所示。单击右键，关闭【快速循环】工具。

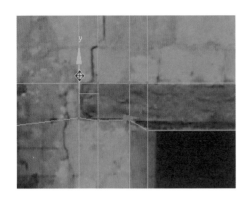
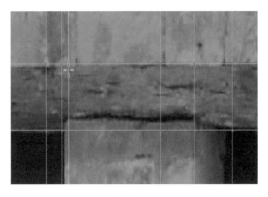

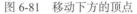

图 6-81　移动下方的顶点　　　　　　　图 6-82　添加一个新的垂直循环

❸ 在功能区的【编辑】面板中单击【剪切】按钮。使用【剪切】工具，沿着立柱顶部和门楣底部绘制新的边，如图 6-83 所示。【剪切】工具的剪刀有三种不同形式：表示剪刀在顶点处时；表示剪刀在边线处时；表示剪刀在某个面上时。剪刀在边线处时的效果如图 6-84 所示。为避免创建自立式顶点，所以当剪刀显示为在某个面上时，不要单击鼠标。单击右键关闭【剪切】工具。

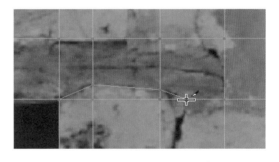

图 6-83　使用【剪切】工具　　　　　　　图 6-84　剪刀在边线处时的效果

❹ 在门楣的右端，单击【快速循环】按钮，然后在柱石插入门楣的地方添加两个新的垂直循环。单击右键，关闭【快速循环】工具。单击【剪切】按钮，剪出新的边，使其与门楣轮廓一致。单击右键，关闭【剪切】工具。移动门楣右端最上面的顶点，使其与门楣轮廓更加一致，如图 6-85 所示。

❺ 在功能区中选择【多边形】，转至【多边形】子物体级。按住 Ctrl 键选择门楣所有面。在功能区中单击【挤出】按钮，然后在视图中拖动，使门楣延伸到门口外。单击右键，从弹出的四元菜单中选择【缩放】。使用缩放 Gizmo，将门楣前面沿 x 轴和 z 轴的方向缩小。挤出门楣多边形后的效果如图 6-86 所示。

5. 增加门的立体感

❶ 按住 Ctrl 键并单击，选择门口的面，包括每个门左侧的石头部分（门的左侧有一个右侧没有的长条面）。

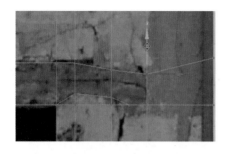

图 6-85　移动顶点

图 6-86　挤出门楣多边形后的效果

❷ 按住 Shift 键并单击【挤出】按钮，将门口挤出 –0.6m，如图 6-87 所示。

❸ 在功能区中选择【边】，转至【边】子物体级。按住 Ctrl 键并单击，选择门口中体现砌石面的 4 条垂直边。使用【移动】工具将这些边沿 x 轴方向移动，直至面中只显示门以外的阴影，如图 6-88 所示。退出【边】子物体级。

图 6-87　门口挤出

图 6-88　移动 4 条垂直边

6. 屋顶建模主立面的立体感

❶ 返回前视图。再次启用【边】子物体级。在功能区的【建模】面板中，单击【循环】按钮。选择主立面顶部的任意一条边，循环模式会选中主立面顶部的所有边。按住 Shift 键并将主立面顶部沿 y 轴方向向前移动一点，再将主立面顶部沿 z 轴方向向上移动一点，直至能看到屋瓦的下边缘（按住 Shift 键进行移动，可防止边创建新边），如图 6-89 所示。

❷ 启用【边界】子物体级。选择主立面顶部的任意一条边，此时将选中整个边界。按住 Shift 键并将边界沿 y 轴方向向内移动约 0.75m。现在，包括屋顶区域在内的主立面就有了一定的立体感，如图 6-90 所示。

7. 完成屋顶

❶ 返回前视图。启用【边】子物体级，选定屋顶后面的所有边。将选定的边沿 z 轴方向向上移动，直至能看到屋脊。升高屋顶后面的边，同时也增加了屋顶的坡度。

❷ 返回前视图。启用【顶点】子物体级。将后面屋顶线的顶点逐个垂直下移，使其与屋顶的位图一致。在屋顶的最左端和最右端，将前面屋顶线的顶点稍稍下移，如图 6-91 所示。

图 6-89 看到屋瓦的下边缘

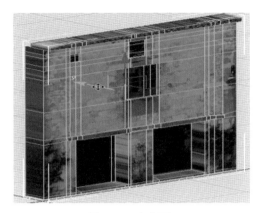

图 6-90 主立面

图 6-91 移动顶点

❸ 在【编辑】面板中启用【快速循环】，然后在视图中添加两个垂直的边循环。每个循环都应靠近屋顶两侧的天空区域的中部，单击右键，关闭【快速循环】。将后面屋顶线的新顶点垂直向下移动，以隐藏主立面纹理的天蓝色区域。退出【顶点】子物体级。如图 6-92 所示。

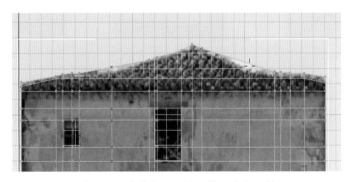

图 6-92 隐藏主立面纹理的天蓝色区域

❹ 将场景保存为 6-8-1.max，效果如图 6-93 所示。唯一的不足之处在于，那些垂直于 FF1.jpg 的投影的面上存在大量条纹。

图 6-93　效果

6.8.2　UVW 展开修改器的使用

1．校正纹理

如果模型只出现在远景镜头中，就无须对其纹理进行校正。如果模型会出现在中景镜头或特写镜头中，则需要完成以下步骤，对纹理进行校正。

❶ 选择 FF1，转至【修改】命令面板，展开【UVW 展开】，进入【多边形】子物体级，如图 6-94 所示。

❷ 调整视图角度，获得门口右侧的最佳视角。按住 Ctrl 键并单击，将两个门柱面都选定。在【修改】命令面板的【投影】卷展栏中单击【平面贴图】按钮，然后单击【对齐到 X】按钮，如图 6-95 所示。现在门柱都与 FF1.jpg 的纹理一致了。但它们显示的是整个主立面，如图 6-96 所示，这并不是我们想要的。

图6-94　进入【多边形】子物体级

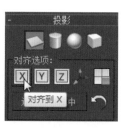

图6-95　启用平面贴图

图6-96　显示整个主立面

❸ 再次单击【平面贴图】按钮，将其禁用。仅选择左侧的门柱。在【修改】命令面板的【编辑 UV】卷展栏中单击【打开 UV 编辑器】按钮，打开【编辑 UVW】窗口，如图 6-97 所示。

❹ 在【编辑 UVW】窗口的工具栏中，从背景图案下拉列表中选择【Map #11（FF1.jpg）】（贴图编号可能有所不同）。现在，主窗口将显示 FF1.jpg。

❺ 单击【仅显示选定的面】按钮。【编辑 UVW】窗口（红网格）中显示的几何体就只表示左侧门柱的面了。

❻ 在【编辑 UVW】窗口的主工具栏中单击【自由形式模式】按钮。面网格中将显示其边角处的控制柄。在自由形式模式中，可以拖动角点控制柄以缩放面，拖动边控制柄以旋转面，以及从面的内部向外部拖动，以移动面。拖动一个边角对面进行缩放，使其与位图中的门

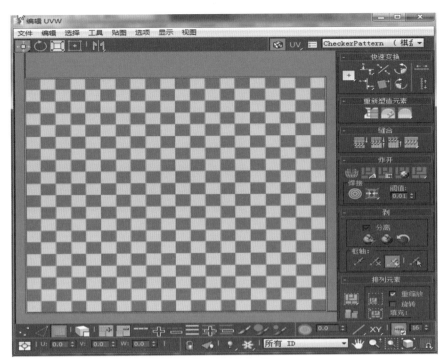

图 6-97 【编辑 UVW】窗口

柱大小大致相同。移动【编辑 UVW】窗口，以便能在视图中看到左侧门柱。在【编辑 UVW】窗口中，向右拖动面，使其覆盖中间立柱的右边。单击【镜像选定的子对象】按钮 。在视图中，可以看到校正的结果，如图 6-98 所示。

❼ 将【编辑 UVW】窗口保持为打开状态，选择右侧门柱，单击【自由形式模式】按钮，然后拖动门柱面的右上角进行缩放，使其与位图中的门柱大小大致相同。在【编辑 UVW】窗口的工具栏中单击【镜像选定的子对象】按钮，调整好的效果如图 6-99 所示。关闭【编辑UVW】窗口，取消选中面，观察效果。

图 6-98　校正的结果

图 6-99　调整好的效果

2．校正门口台阶上的纹理

❶ 按住 Ctrl 键并单击，选定门口台阶的面，如图 6-100 所示。在【修改】命令面板的【投影】卷展栏中单击【平面贴图】按钮，然后单击【对齐到 Z】。修改后门口台阶与 FF1.jpg 的

纹理一致了。再次单击【平面贴图】按钮，将其禁用。

❷ 在【修改】命令面板的【参数】卷展栏中单击【打开 UV 编辑器】按钮。在打开的【编辑 UVW】窗口中缩放并移动门口台阶的面，将其移动到位图中水平门楣处，如图 6-101 所示。关闭窗口。

图 6-100　选定门口台阶的面

图 6-101　水平门楣

❸ 使用同样的方法，可以校正窗台、两边窗框和房屋边的贴图，如图 6-102 ～ 图 6-104 所示。

图 6-102　窗台

图 6-103　两边窗框

图 6-104　房屋边

6.9　思考与练习

1. 将前 5 章思考与练习中创建的模型合理布局，并为每个模型添加材质。
2. 找一张老街的照片，建立三维模型，并添加材质。

CHAPTER **07** 灯光与摄影机

本章提要
标准灯光概述
光度学灯光概述
摄影机概述
阴影与投影案例
日光系统案例
景深效果案例

7.1　3ds MAX 2018 灯光概述

在 3ds MAX 2018 中，为了提高渲染速度，灯光是不带有辐射性质的，这是由于带有光能传递的灯光计算速度很慢。也就是说，3ds MAX 2018 中的灯光工作原理与自然界的灯光有所不同。如果要模拟自然界的光反射（如水面反光效果）、漫反射、辐射、光能传递、透光效果等特殊属性，就必须运用多种手段（不仅仅运用灯光手段，还可能会通过材质设置，如光线追踪材质等）进行模拟。

7.1.1　3ds MAX 2018 灯光的原则

在 3ds MAX 2018 中，并不是所有的发光效果都是由灯光完成的。对于光源来说也可能通过材质、视频后期处理特效，甚至是大气环境来模拟。萤火虫尾部的发光效果，通常会用自发光材质来模拟；火箭发射时尾部的火焰效果通常会用大气环境中的燃烧装置来做效果；要模拟夜晚的霓虹灯特效，可利用视频后期处理特效中的发光（GLOW）效果。但灯光仍是表现照明效果最为重要的手段之一。灯光作为 3ds MAX 中一种特殊的对象，模拟的往往不是自然光源或人造光源的本身，而是它们的光照效果。在渲染时，灯光作为一种特殊的物体本身是不可见的，可见的是光照效果。如果场景内没有一盏灯光（包括隐含的灯光），那么所有的物体都是不可见的。不过，在场景中存在着一盏或两盏默认的灯光，虽然一般情况下在场景中是不可见的，但是仍然担负着照亮场景的作用。一旦场景中建立了新的光源，默认的灯光将自动关闭。如果场景中的新光源的位置、亮度等不太理想，还不及默认灯光的效果，或者场景内所有灯光都被删除，默认的灯光又会被自动打开。

灯光与物体距离越远，照亮的范围就越大，反之亦然。对于一个物体来说，某一灯光与它表面所呈夹角（入射角）越小，它的表面显得越暗；夹角越大，它的表面显得越亮。如果一个灯光与一个平面（如地面）距离很远，且与这个平面呈直角照射，则照明效果是均匀的。而如果同样的光放得太近，则由于接触表面的光线角度发生了变化，会产生一个"光池"（聚光区）。如果要使一盏灯光照亮尽量多的物体，则需要把物体与灯光的距离加大。要使灯光把物体表面照得更亮，则还应该把灯光与物体表面的夹角调整得更大。这与现实中摄影照明的理论非常相似。对于较小的区域来说，可以采用"三点照明"（主光＋背光＋辅光）方法来解决照明问题。对于大的场景（如礼堂内部照明），则可以把其拆分成一个个较小的区域，再利用"三点照明"方法解决照明问题。

7.1.2　3ds MAX 2018 灯光的设置与创建

在 3ds MAX 2018 中，可使用以下方法选择默认灯光或自己建立的场景灯光。激活摄影机视图或透视视图，按 Alt+B 组合快捷键，打开【视口配置】对话框，选择【视觉样式和外观】选项卡，在【照明和阴影】中可以选择默认灯光或自己建立的场景灯光，如图 7-1 所示。

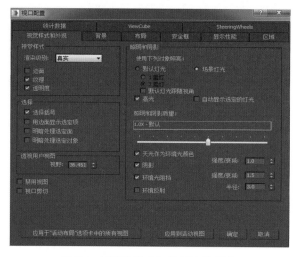

图 7-1　【视觉样式和外观】选项卡

打开【创建】面板，单击【灯光】按钮 ，在灯光类型的下拉列表中，选择【标准】，下方是标准灯光的各种类型，如图 7-2 所示。从下拉列表中选择【光度学】，则可以看到光度学灯光的各种类型，如图 7-3 所示。

图 7-2　标准灯光的各种类型　　图 7-3　光度学灯光的各种类型

7.1.3　标准灯光的类型及原理

标准灯光是 3ds MAX 2018 中传统的灯光系统，属于一种模拟的灯光类型。它能够模仿生活中的各种光源，而且根据光源的发光方式的不同，可以产生各种不同的光照效果。它与光度学灯光的最大区别在于：标准灯光没有基于实际物理属性的参数设置。

1. 目标聚光灯

【目标聚光灯】可产生锥形的照射区域，在照射区以外的对象不受灯光影响。有投射点和目标点选项可供调节。加入投影设置，可以产生逼真的静态仿真效果。缺点是：在进行动画照射时不易控制方向，投射点和目标点的调节常使发射范围改变，也不易进行跟踪照射。它有矩形和圆形两种投影区域，矩形区域适合制作电影投影图像和窗户投影等，圆形区域适合制作路灯、车灯、台灯及舞台跟踪灯等灯光照射。如果作为体积光源，它能够产生一个锥形的光柱。

2. 自由聚光灯

【自由聚光灯】可产生锥形的照射区域，它其实是一种受限制的目标聚光灯。因为只能控制它的整个目标，所以无法在视图中对投射点和目标点分别进行调节。它的优点是：不会在视图中改变投射范围，特别适合一些动画的灯光，如摇晃的船桅灯、晃动的手电筒、舞台上的投射灯、矿工头上的射灯及汽车的前大灯等。

3. 目标平行光

【目标平行光】可产生单方向的平行照射区域，它与目标聚光灯的区别是：照射区域呈圆柱形或矩形而不是"锥形"。目标平行光的主要用途是：可模拟阳光的照射，尤其适用于户外场景。如果作为体积光源，它可以产生一个光柱，常用来模拟探照灯的激光光束等特殊效果。

4. 自由平行光

【自由平行光】可产生平行的照射区域，它其实是一种受限制的目标平行光。在视图中，它的投射点和目标点不能分别进行调节，只能进行总体的移动或旋转，这样可以保证照射范围不发生改变。如果对灯光的范围有固定要求，尤其是在灯光的动画中，自由平行光是一个非常不错的选择。

5. 泛光

【泛光】在视图中显示为正八面体图标，它向四周发散光线。标准的泛光用来照亮场景，它的优点是：易于建立和调节，不用考虑是否有对象因在范围外而不被照射；缺点是：不能创建太多，否则位置设置不合理会使场景看起来平淡而无层次。泛光的参数与聚光灯的参数大体相同，它也可以进一步扩展功能，如全面投影、衰减范围功能，这样也可以产生灯光的衰减效果、投射阴影和图像。它与聚光灯的照射范围也有所不同。另外，泛光还常用来模拟灯泡、台灯等光源对象。

6. 天光

【天光】能够模拟日照效果。在 3ds MAX 2018 中，有多种模拟日照效果的方法，如果配合【光跟踪器】渲染方式，天光往往能产生非常生动的效果。

7. mr Area Omni（mr 区域泛光灯）

当使用 mental ray 渲染器渲染场景时，mr 区域泛光灯是从球体或圆柱体体积发射光线，而不是从点源发射光线。使用默认的扫描线渲染器，mr 区域泛光灯与其他标准的泛光灯一样发射光线。在 3ds MAX 2018 中，MAXScript 可创建和支持 mr 区域泛光灯。只有 mental ray 渲染器才可使用【区域灯光参数】卷展栏中的参数。

8. mr Area Spot（mr 区域聚光灯）

当使用 mental ray 渲染器渲染场景时，mr 区域聚光灯是从矩形或碟形区域发射光线的，而不从点源发射光线。使用默认的扫描线渲染器时，mr 区域聚光灯与其他标准的聚光灯一样发射光线。在 3ds MAX 2018 中，MAXScript 可创建和支持区域聚光灯。只有 mental ray 渲染器才可使用【区域灯光参数】卷展栏中的参数。

提示：mr 区域灯光的渲染时间比点光源的渲染时间要长。创建快速测试（或草图）渲染，可以使用【渲染设置】窗口的【公用参数】卷展栏中的【区域／线光源视作点光源】切换选项，以便加快渲染速度。

7.1.4 标准灯光的重要参数

1. 倍增

【倍增】功能可对灯光的照射强度进行倍增控制，默认值为 1。如果设置值为 2，则光的强度会增加一倍；如果设置值为负值，将会产生吸收光的效果。通过这个选项增加场景的亮度可能会造成场景颜色曝光过度，还会产生视频无法接受的颜色，所以除非是需要特殊效果或在特殊情况下进行设置，否则应尽量保持该值为默认值。

2. 颜色

按下【颜色】按钮，在弹出的对话框中可进行灯光颜色的调节，以烘托场景气氛。颜色可以通过以下两种方式进行调节：

R、G、B 可分别调节红、绿、蓝三原色的色置；

H、S、V 可分别调节色调、饱和度、亮度数值。

3. 排除／包含

允许指定对象不受灯光的照射影响，包括照明和投射阴影影响，可以通过【排除／包含】对话框中的参数进行控制，如图 7-4 所示。

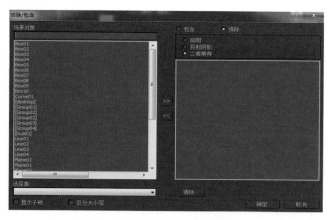

图 7-4 【排除／包含】对话框

通过 >> 和 << 按钮可以将场景中的对象添加到右侧的排除框中或从右侧排除框中删除。作为排除对象，它将不再受到这盏灯光的照射影响。对于【照明】和【投射阴影】影响，可以分别予以排除。

4. 阴影

【阴影】方式有【光线跟踪阴影】、【高级光线跟踪阴影】、【区域阴影】、【阴影贴图】和【mental ray 阴影贴图】，可以在常规参数卷展栏中进行选择。如果安装了渲染器插件，并使用了其配套的灯光，还会有更多的阴影种类。每种方式都有自己的优势和不足，本书只讨论前 4 种阴影。【mental ray 阴影贴图】类型专门用于【mental ray 渲染器】，在使用默认扫描线渲染器时不产生阴影效果，而其余 4 种阴影则可在 3ds MAX 2018 系统中通用。如果要设置个别对象不产生或不接收阴影，也可通过右键单击对象，选择打开【对象属性】对话框，分别取消勾选【投射阴影】或【接收阴影】选项。

【光线跟踪阴影】是通过跟踪从光源发射出来的光线路径所产生的阴影效果，它比【阴影贴图】更为精确。对于透明和半透明对象，【光线跟踪阴影】能够产生逼真的阴影效果，并且由于它总是产生"硬边"效果的阴影，所以适用于表现线框对象产生的阴影效果。

【高级光线跟踪阴影】与【光线跟踪阴影】类似，它提供了更多的控制参数。

【区域阴影】实际上是通过设置一个虚拟的灯光空间来"伪造"区域阴影的效果，它适用于任何类型的灯光对象。区域阴影可以产生柔和的半影和阴影过渡效果，并且随着对象与阴影之间距离的增加而明显。

【阴影贴图】是一种渲染器在预渲染场景通道时生成的位图。【阴影贴图】不会显示透明或半透明对象投射的颜色。另外，【阴影贴图】可以拥有边缘模糊的阴影，但【光线跟踪阴影】无法做到这一点。【阴影贴图】是从聚光灯方向投射的。采用这种方法时，可以产生边缘较为模糊的阴影。但是，与【光线跟踪阴影】相比，其所需的计算时间较少，但精确性较低。为了生成边缘更加清晰的阴影，可以对【阴影贴图】的设置进行调整，其中包括更改分辨率和阴影位图像素采样等。

5. 聚光区 / 光束

可调节灯光的锥形区域，以角度为单位。标准聚光灯在【聚光区】内的强度保持不变。

6. 衰减区 / 区域

可调节灯光的衰减区域，以角度为单位。从【聚光区】到【衰减区】的角度范围内，光线由强向弱进行衰减变化，此范围内的对象将不受任何强光的影响。

7. 圆 / 矩形

【圆 / 矩形】功能可设置产生圆形灯还是矩形灯，默认设置为圆形，产生圆锥状灯柱。矩形灯产生棱锥状灯柱，常用于窗户投影或电影、幻灯机的投影。如果打开这种方式，【纵横比】值用来调节矩形的长、宽比，【位图拟合】按钮用来指定一张图像。使用图像的长、宽比作为灯光的长、宽比，主要是为了保正投影图像的比例正确。

8. 投影贴图

打开此选项，可以通过其下的【贴图】按钮选择一张图像作为投影贴图。它可以使灯光投影出图片效果。如果使用动画文件，可以像电影放映机一样，投射出动画。如果增加体积光效，可以产生彩色的图像光柱。

7.1.5 光度学灯光的类型及原理

光度学灯光使用光度学（光能）值，可以更加精确地定义灯光。创作者可以设置分布、强度、色温，以及其他的灯光特性。也可以导入照明制造商的特定光度学文件，以便设计基于商用灯光的照明系统。3ds MAX 2018 在【灯光】命令面板中提供了 3 种不同类型的光度学灯光，分别是【目标灯光】、【自由灯光】和【mr 天空入口】。另外，在【系统】命令面板中还提供了光度学的【日光】和【太阳光】。

光度学是一种评测人体视觉器官感应照明情况的方法。光度学灯光是 3ds MAX 2018 提供的一种灯光在环境中传播情况的物理模拟，它不但可以产生非常真实的渲染效果，还能够准确地度量场景中灯光分布的情况。在进行光度学灯光设置时，会遇到以下 4 种光度学参量：【光通量】、【照明度】、【亮度】和【发光强度】。正是由于引入了这些基于现实基础的光度学参量，3ds MAX 2018 才能够更加精确地模拟真实的照明和材质效果。关于这 4 种光度学参量的具体介绍，读者可以参考 3ds MAX 2018 自带的中文帮助文档。光度学灯光总是依据场景的现实单位设置，以"平方反比"方式进行衰减；【环境】对话框中的环境光对场景照明也有影响，通过【放置高光命令】可以改变光度学灯光的方向。

1. 目标灯光和自由灯光

灯光分布（类型）包括【光度学 Web】、【聚光灯】、【统一漫反射】和【统一球形】。在视图中分别用小球体（球体的位置指示分布是球形分布还是半球形分布）、圆锥体及 Web 图形表示，如图 7-5 所示。

在【模板】卷展栏中提供多种灯光预设，主要可以分为 5 类，分别为：灯泡照明、卤素灯、嵌入式照明、荧光灯和其他灯光，如图 7-6 所示。通过【图形 / 区域阴影】卷展栏中的点光源、线、矩形、圆形、球体、圆柱体可模拟出不同的阴影形状。

2. mr 天空入口

【mr 天空入口】属于区域灯光，能够模拟非常真实的光照效果。【mr 天空入口】不能单独使用，必须搭配【天光】才能产生作用。可为室内补充天光，改善室内天光效果不明显的情况。

3. 日光和太阳光

【系统】命令面板中提供了光度学的【日光】和【太阳光】，用来模拟阳光，依据真实的自然法则模拟现实生活中的日照效果。

系统可以通过设置的日期、时间和位置计算出阳光平行光源的方向和强度，如图 7-7 所示。

图 7-5　灯光分布（类型）

图 7-6　多种灯光预设

图 7-7　设置参数

7.1.6　光度学灯光的重要参数

1. 灯光分布（类型）

（1）统一球形

【统一球形】灯光分布效果如图 7-8 所示，其特点是可在各个方向上均匀投射灯光。

（2）统一漫反射

【统一漫反射】灯光分布仅在半球体中投射漫反射灯光，就如同从某个表面发射灯光一样。该分布遵循 Lambert 余弦定理，从各个角度观看灯光时，它都具有相同的强度，【统一漫反射】灯光分布效果如图 7-9 所示。

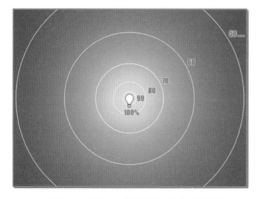

图 7-8　【统一球形】灯光分布效果

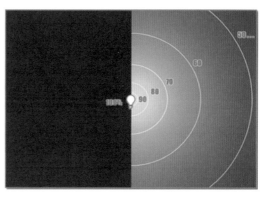

图 7-9　【统一漫反射】灯光分布效果

（3）聚光灯

【聚光灯】灯光分布像闪光灯一样投影聚焦的光束，效果类似剧院中或桅灯下的聚光区。灯光的光束角度控制光束的主强度，区域角度控制光在主光束之外的"散落"。【聚光灯】灯光分布效果如图 7-10 所示。

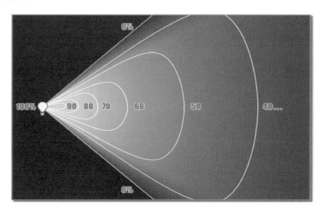

图 7-10　【聚光灯】灯光分布效果

（4）光度学 Web

光域网是一种光源光强度分布的三维表示形式，在 3ds Max 中称为【光度学 Web】。它将有关的灯光亮度分布方向信息都存储在光度学数据文件中，这些文件为 IES 格式或 LTLI、CIBSE 格式。可以加载各个制造商提供的光度学数据文件，将其作为 Web 参数。在视图中，灯光对象会变为所选光度学 Web 的图形。要描述一个光源发射的灯光的方向分布，可在光度学中心放置一个近似该光源的点光源。通过后，光源发散灯光的方向只表现为向外发散的状态，光源的发光强度依据光域网预置的水平和垂直角度进行分布。光度学数据使用图表进行描述。用于显示轴旋转的图称为测角图表，如图 7-11 所示。

这种类型的图表可直观地表示灯源的发光强度如何随着竖直角度的变化而变化。要描述完整的分布需要多个测角图表，如图 7-12 所示。

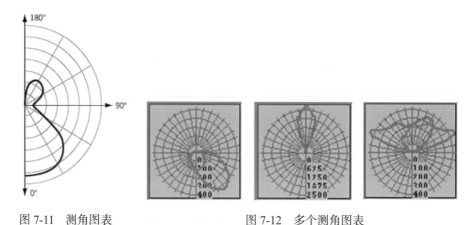

图 7-11　测角图表　　　　　　　图 7-12　多个测角图表

2. 各卷展栏的主要参数

灯光的卷展栏如图 7-13 所示。

图 7-13　灯光的卷展栏

【开尔文】：通过调整色温微调器设置灯光的颜色。色温通过开尔文数值显示。相应的颜色在微调器旁边的色样中可见。

【过滤颜色】：使用颜色过滤器可模拟置于光源上的过滤颜色的效果。例如，红色过滤器置于白色光源上就会投影红色灯光。单击色样设置过滤器颜色，以显示颜色选择器。默认设置为白色（RGB=255, 255, 255；HSV=0, 0, 255）。

【lm】（流明）：测量整个灯光（光通量）的输出功率。100w 的通用灯泡约有 1750lm 的光通量。

【cd】（坎德拉）：用于测量灯光的最大发光强度。100w 的通用灯泡的发光强度约为139cd。

【lx】（勒克斯）：测量由灯光引起的照度，该灯光以一定距离照射在曲面上，并面向光源的方向。勒克斯是国际单位，1 勒克斯等于 1 流明 / 平方米。另外，还有英尺烛光（fc）单位，1 英尺烛光等于 1 流明 / 平方英尺。因此，要从英尺烛光单位转换为勒克斯单位，需要将数值乘以 10.76。例如，要指定 35 英尺烛光的照度，需要设置照度为 376.6 勒克斯。

【结果强度】：用于显示暗淡产生的强度，并使用与【强度】相同的单位。

【暗淡百分比】：勾选复选框后，该值指定用于降低灯光强度的倍增。如果值为 100%，则灯光具有最大强度，百分比较低时，灯光较暗。

【远距衰减】：如果场景中存在大量的灯光，使用远距衰减可以限制每个灯光所照场景的比例。

【从（图形）发射光线】有下列几种选项。

• 点光源：点计算阴影时，如同点在发射灯光一样。点未提供其他控件。

• 线：线计算阴影时，如同线在发射灯光一样。线提供了长度控件。

• 矩形：矩形计算阴影时，如同矩形区域在发射灯光一样。矩形提供了长度和宽度控件。

• 圆形：圆形计算阴影时，如同圆形在发射灯光一样。圆形提供了半径控件。

• 球体：球体计算阴影时，如同球体在发射灯光一样。球体提供了半径控件。

• 圆柱体：圆柱体计算阴影时，如同圆柱体在发射灯光一样。圆柱体提供了长度和半径控件。

【灯光图形在渲染中可见】：勾选复选框后，如果灯光对象位于视野内，灯光图形在渲染中会显示为自供照明（发光）的图形。取消勾选，将无法渲染灯光图形，只能渲染它投影的灯光。默认设置为禁用状态。

【阴影采样】：设置区域灯光的整体阴影质量。如果渲染的图像呈颗粒状，需增大此值；如果渲染时间过长，需减小此值。默认设置为 32。当选为阴影图形时，界面中不会出现此设置。

7.2　影子的魅力

本节对一个静物场景进行灯光设计，介绍了 3ds MAX 2018 标准灯光的使用，以及阴影的使用技巧，案例的基本操作可扫描二维码观看。更多关于灯光设计的教学视频可扫描封底二维码下载学习。

❶ 打开本书配套素材文件夹中的 7-2-1.max 文件，场景中的物品可以使用前面学习的方法进行创建，没有灯光阴影的场景效果如图 7-14 所示。

❷ 按 P 键，切换到透视视图。按 Shift+F3 组合快捷键，切换到【真实】模式，单击左上角的【真实】按钮，在弹出的菜单中选择【照明和阴影 / 用场景灯光照亮】，如图 7-15 所示。

图 7-14　没有灯光阴影的场景效果

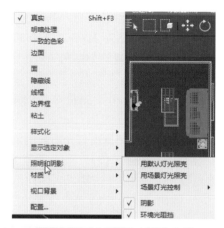

图 7-15　选择【照明和阴影 / 用场景灯光照亮】

❸ 也可以按 Alt+B 组合快捷键，打开【视口配置】对话框，选择【视觉样式和外观】选项卡，在【照明和阴影】中选择【场景灯光】，如图 7-16 所示。单击【创建】面板下的【灯光】按钮，在下拉菜单中选择【标准】灯光类型，单击【泛光】按钮，在场景中建立一盏泛光灯，并使用【移动】工具将其调整到适当的位置，渲染透视视图后发现没有阴影，不够真实。

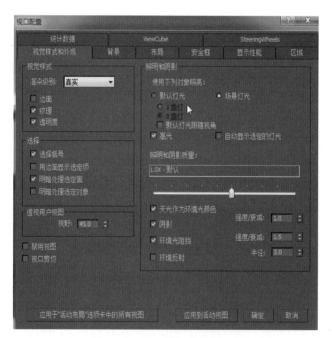

图 7-16　【视口配置】对话框

❹ 在【修改】命令面板上勾选【阴影】中的【启用】复选框，渲染后物体产生了阴影。这时的阴影类型是阴影贴图类型，仔细观察阴影的边缘有些模糊。

❺ 现在设置阴影贴图的参数，可以调整阴影边缘的模糊程度。在【修改】命令面板中的【阴影贴图参数】卷展栏，设置【大小】为 2048，【采样范围】为 16，如图 7-17 所示。渲染视图，发现阴影变清晰了，修改后的阴影效果如图 7-18 所示。

图 7-17　设置阴影贴图参数　　　　图 7-18　修改后的阴影效果

⑥ 现在使用的【阴影贴图】类型是以贴图的方式模拟物体的阴影，这种方式的优点是计算速度较快，但不能表现光线穿过透明物体的效果。要使光线穿过透明物体必须改用【光线跟踪阴影】类型，如图 7-19 所示。修改后再渲染视图，可发现光线穿透玻璃杯，如图 7-20 所示。

图 7-19　选择阴影类型　　　　图 7-20　光线穿透玻璃杯

⑦ 要使相框中的人物投影到桌面上，产生一个人物图案的投影，则需调整相框的材质为透明的玻璃，并将【自发光】设置为 20，【不透明度】设置为 60。并将【扩展参数】卷展栏中【衰减】设置为【内】，【类型】设置为【相减】，如图 7-21 所示。

⑧ 渲染透视视图，光线不但穿透了透明物体，连相框上的图案也映到了桌面上，玻璃杯中饮料的颜色也依稀可辨，最终效果如图 7-22 所示。

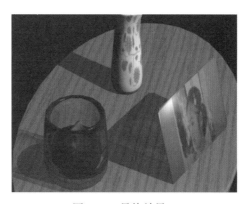

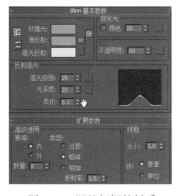

图 7-21　调整相框的材质　　　　图 7-22　最终效果

7.3　放映幻灯片的效果

本节介绍 3ds MAX 2018 标准灯光的使用，以及放映幻灯片效果的实现，案例的基本操作可扫描二维码观看。更多关于灯光设计的教学视频可扫描封底二维码下载学习。

❶ 打开本书配套素材文件夹中的 7-3-1.max 文件，场景中有一个简单的相框和一张桌子。

❷ 在场景中创建一盏【标准】类型的【目标聚光灯】。使用【移动】工具将聚光灯移动到合适的位置，再将聚光灯的目标点移动到相框的中央，如图 7-23 所示。

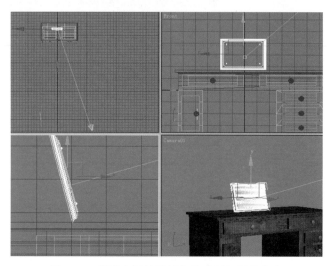

图 7-23　将聚光灯的目标点移动到相框的中央

❸ 勾选【阴影】中的【启用】复选框，打开阴影设置。渲染后观察，如果设置阴影后看不到聚光灯的灯光了，那么需要检查是否有物体遮挡了光线。选择【聚光灯参数】卷展栏中的【矩形】，并设置【纵横比】为 1.2，如图 7-24 所示。再将其范围框调整到与相框大小相同。

❹ 现在指定投影图片。勾选【高级效果】卷展栏【投影贴图】中的【贴图】复选框，单击其右侧的长条按钮，选择位图类型，挑选一张图片，如图 7-25 所示。渲染视图，发现相框被投射上了图案。

图 7-24　聚光灯参数设置　　　　图 7-25　投影贴图设置

❺ 这时如果设置体积光，还会产生与所投射的图像匹配的光束效果。单击【大气和效果】卷展栏中的【添加】按钮，选择【体积光】效果，如图 7-26 所示。渲染视图，可观察到光束效果，如图 7-27 所示。

图 7-26　设置体积光　　　　　　　　　图 7-27　光束效果

7.4　室内照明和光能传递

本节介绍 3ds MAX 2018 光度学灯光在室内照明中的应用，案例的基本操作可扫描二维码观看。更多关于灯光设计的教学视频可扫描封底二维码下载学习。

❶ 打开本书配套素材文件夹中的 7-4-1.max 文件。文件为一个简单的室内场景，已经做好了各种灯具模型，可以根据现实中此类灯具的特点，尝试为其选择和设计灯光。

❷ 单击【创建】面板下的【灯光】按钮，找到【光度学】灯光类型下的【自由灯光】，在顶视图格栅灯的中心位置，创建一盏自由灯光。在前视图中，将其调整移动到格栅灯模型的位置，注意其位置应恰好在灯具的下方，但不要让灯具遮住光线，如图 7-28 所示。

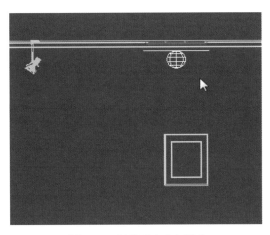

图 7-28　创建【自由灯光】

❸ 在【修改】命令面板中，调整灯光的参数，如图 7-29 所示。可以尝试用不同的阴影方式、灯光分布，在【图形 / 区域阴影】卷展栏中选择不同形状的发射光线，掌握光度学灯光的各种参数，如图 7-30 所示。

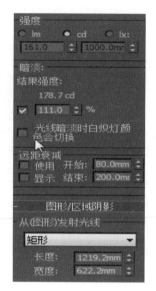

图 7-29　调整灯光的参数 1　　　　　图 7-30　调整灯光的参数 2

❹ 场景中有两盏格栅灯，按住 Shift 键，移动复制【自由灯光】到另外一个格栅灯的下方，注意，此处的克隆方式要选择【实例】方式，这样在后续修改参数时只需要修改其中一盏，另外一盏的参数也会随之发生变化。

❺ 墙面装饰画上方有一盏射灯，使用的是光度学灯光的【目标灯光】。目标灯光在创建时有光源点和目标点两种方式，所以在创建【目标灯光】时最好先在视图中创建光源点和目标点，在前视图中移动其位置，使该灯光的光源点与灯具重合（注意不要让灯具挡住光线），目标点在要照的目标上，如图 7-31 所示。

图 7-31　创建【目标灯光】

❻ 在【常规参数】卷展栏的【灯光分布（类型）】中选择【光度学 Web】方式，在出现的【分布（光度学 Web）】卷展栏中，单击【选择光度学文件】按钮，可以指定它的光域网，并设置其他相应的参数，如图 7-32 所示。

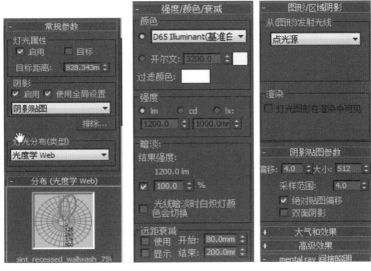

图 7-32　光度学 Web

⑦ 场景门口处的筒灯需要使用上面同样的方法创建一个【自由灯光】，并将其移动到这个筒灯模型的下方，同样为其指定【光度学 Web】方式。在【常规参数】卷展栏的【灯光分布（类型）】中选择【光度学 Web】方式，在出现的【分布（光度学 Web）】卷展栏中，单击【选择光度学文件】按钮，可以指定它的光域网。而沙发旁的灯使用了【目标灯光】，设置采用类似的方法，这里不再赘述。渲染效果，如图 7-33 所示。

图 7-33　渲染效果

⑧ 下面进行光能传递处理。展开【渲染设置：默认扫描线渲染器】窗口中的【选择高级照明】卷展栏，选择【光能传递】。设置【光能传递处理参数】卷展栏中的【优化迭代次数（所有对象）】为 3，【直接灯光过滤】为 3 或 4。单击【对数曝光控制】旁的【设置】按钮，在打开的【环境和效果】窗口的【曝光控制】卷展栏中选择【物理摄影机曝光控制】，勾选【活动】复选框，如果有高动态的对象，则选择【对数曝光控制】，如图 7-34 所示。关闭【环境和效果】窗口。

图 7-34　渲染设置

❾ 在【光能传递网格参数】卷展栏中，【启用】全局细分设置，【最大网格大小】默认为 1000，现在将其修改为 200，这个数值越小，光能传递的精度越高，获得光影的效果越好。这些都设置完后，就可进行光能传递处理。在【光能传递处理参数】卷展栏中勾选【在视口中显示光能传递】复选框，单击上方的【开始】按钮，进行光能传递的处理（此时【开始】按钮变成不可用状态，计算完毕后，该按钮转换成【继续】按钮），光能传递效果如图 7-35 所示。可以看到，原来比较黑暗的地方，现在有了明显的细节。可以通过调整各个灯光的亮度及光能传递的参数，得到不同的结果。

图 7-35　光能传递效果

❿ 保存文件为 7-4-2.max。

7.5　日光中场景的照明和渲染

本节进行室外场景的灯光设计，介绍 3ds MAX 2018 系统日光中场景的照明和渲染，案例的基本操作可扫描二维码观看。更多关于灯光设计的教学视频可扫描封底二维码下载学习。

❶ 打开本书配套素材文件夹中的 7-5-1.max 文件。在主菜单中选择【渲染 / 曝光控制】，将打开【环境和效果】窗口。在【曝光控制】卷展栏中，如果活动曝光控制设置为【mr 摄影曝光控制】，则在下拉列表中重新选择【无曝光控制】。

❷ 激活摄影机视图，渲染场景，可以看到渲染结果显得比较平淡。再次选择【渲染 / 曝光控制】，打开【环境和效果】窗口。在【曝光控制】卷展栏中，将活动曝光控制设置为【mr 摄影曝光控制】，然后在【mr 摄影曝光控制】卷展栏中单击【曝光值（EV）】单选按钮，确保曝光值设置如图 7-36 所示。

图 7-36 曝光值设置

❸ 在【创建】命令面板中单击【系统】按钮，在【对象类型】中选择【日光】。在场景中按住鼠标并拖动，创建【日光】系统和【指南针】，如图 7-37 所示。同时会打开【mental ray Sky】对话框，如图 7-38 所示，询问是否要创建【mr Physical Sky】环境贴图，单击【是】按钮，即可添加环境贴图。【mr Physical Sky】环境贴图基于渐变，其在场景背景中的外观会根据任意给定时间太阳位置的变化而变化。将【指南针】移动到合适的位置，释放鼠标后，即会创建【日光】系统。

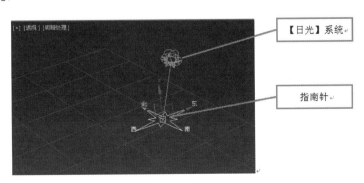

图 7-37 【日光】系统和【指南针】

图 7-38 【mental ray Sky】对话框

❹ 仍然选中日光系统，转到【修改】命令面板。在【日光参数】卷展栏的【位置】中单击【设置】按钮，将打开【运动】面板。在【控制参数】卷展栏的【位置】中单击【获取位置】按钮，如图 7-39 所示，将打开【地理位置】对话框。确定位置后，3ds MAX 2018 将定位【日光】太阳光对象，以模拟真实世界中该地的纬度和经度。

❺ 可以使用【控制参数】卷展栏【时间】中显示的命令修改日期和时间，这些设置也会影响太阳位置。【位置】中的【北向】将直接影响场景中光线投射的方向。

❻ 选择【渲染 / 曝光控制】，打开【环境和效果】窗口。确保摄影机视图处于活动状态，然后在【曝光控制】卷展栏中单击【渲染预览】按钮，可通过缩略图形式快速查看结果。结果满意后，渲染最终效果，如图 7-40 所示。

图 7-39 获取位置

图 7-40 渲染最终效果

7.6 摄影机的使用

【摄影机】是 3ds MAX 中提供的取景设备，可分为两类，即：【物理】摄影机和【传统】摄影机，传统摄影机又分为【目标】摄影机和【自由】摄影机，如图 7-41 所示。物理摄影机将场景框架与曝光控制，以及对真实世界摄影机进行建模的其他效果相集成。传统摄影机的界面比较简单，其中只有较少的命令。

3ds MAX 中的摄影机和现实中的摄影机有许多相似之处,可以将现实的取景技巧直接应用于虚拟的三维空间。

虽然我们可以通过多个视图取景(如通过透视视图)渲染生成最后的作品,但是从灵活性与功能性上都与摄影机取景相差甚远,所以在实际创作中通常会从摄影机视图得到最终的效果图和动画。

现实生活中的摄影技术复杂,需要摄影者掌握调焦、光圈、快门、色温、感光指数等一系列概念和操作方法,还要考虑摄影设备的性价比。而在 3ds MAX 2018 中,摄影机的使用十分方便。

图 7-41　摄影机的类型

7.6.1　传统摄影机的主要参数

图 7-42 是传统摄影机中【目标】摄影机的卷展栏,【自由】摄影机的卷展栏与之类似。下面是其主要参数。

图 7-42　【目标】摄影机的卷展栏

【镜头】:设置摄影机的焦距长度。48mm 的标准镜头没有严重变形且取景范围适中;短焦镜头可出现鱼眼镜头的夸张效果;长焦镜头用来观测较远的景色,保证对象不变形。

【视野】:设置摄影机的视角。依据选择的视角方向调节该方向上的弧度大小。视角就是视野的水平角度。人的视野宽度一般为 42 度左右。48 ～ 55mm 的镜头称为标准镜头。焦距越短,视角越大。使用标准镜头拍摄的照片最符合人们的视觉习惯。使用焦距过短的镜头拍摄的景物透视感强烈,场景被拉伸。长焦镜头会使景物压缩,像从望远镜中看到的远处景物。

视角的原理同样适用于 3ds MAX 2018 中的虚拟场景。一般首选符合人们视觉习惯的 50mm 镜头,然后调整摄影机与被摄物体的距离,再根据需要适当调整摄影机的焦距。做室内效果图时,由于空间有限,可以采用剪切平面的功能,到"室外"去拍摄。若需要增大视角时,焦距一般也不应小于 35mm。

【🔄】:用来控制视野角度值的显示方式,包括水平、垂直和对角 3 种。

【备用镜头】:提供了 9 种常用镜头,供快速选择。

【显示地平线】：是否在摄影机视图中显示地平线，地平线以深灰色显示。

【环境范围】：设置环境大气的影响范围，通过近距范围和远距范围确定，近处的树几乎不受雾效果的影响，而远处的树和房屋受雾效果的影响会很明显。

【剪切平面】：指平行于摄影机镜头的平面，以红色带交叉的矩形表示。剪切平面可以排除场景中一些几何体的视图显示，或者控制只渲染场景中的某些部分。

【多过程效果】：用于给摄影机指定景深或运动模糊效果。它的模糊效果是通过对同一帧图像的多次渲染计算并重叠结果产生的，因此会增加渲染时间。景深和运动模糊效果是相互排斥的，由于它们都依赖于多渲染途径，所以不能对同一个摄影机对象同时指定两种效果。当场景同时需要两种效果时，应为摄影机设置多过程景深（使用这里的摄影机参数），再将它与对象运动模糊相结合。

【景深】：此命令在【多过程效果】的下拉列表中。摄影机可以产生景深的多过程效果，通过在摄影机与其焦点的距离上产生模糊来模拟摄影机景深效果，景深的效果可以显示在视图中。

【运动模糊】：此命令在【多过程效果】的下拉列表中。是摄影机根据场景中对象的运动情况，将多个偏移渲染周期抖动结合在一起后产生的模糊效果。与景深效果一样，运动模糊效果也可以显示在线框和实体视图中。

7.6.2　物理摄影机的主要参数

【物理】摄影机将场景框架与曝光控制，以及对真实世界摄影机进行建模的其他效果相集成。其功能的支持级别取决于所使用的渲染器。

1.【基本】卷展栏

勾选【基本】卷展栏中的【目标】复选框后，摄影机将包括目标对象，与传统目标摄影机的行为相似，可以通过移动目标设置摄影机的目标，如图 7-43 所示。取消勾选后，摄影机的行为与传统自由摄影机相似，可以通过变换摄影机对象本身设置摄影机的目标。

【目标距离】：可设置目标与焦平面之间的距离。目标距离会影响聚焦、景深等。

【显示圆锥体】：可设置显示摄影机圆锥体的时间，分为选定时（默认设置）、始终和从不。

【显示地平线】：启用后，地平线在摄影机视图中显示为水平线。

2.【物理摄影机】卷展栏

【物理摄影机】卷展栏如图 7-44 所示。

图 7-43　勾选【目标】　　图 7-44　【物理摄影机】卷展栏

【预设值】：选择胶片模型或电荷耦合传感器。选项包括 35mm（Full Frame）胶片（默认设置），以及多种行业标准传感器设置。每个设置都有其默认宽度值。自定义选项用于选择任意宽度。

【宽度】：可以手动调整帧的宽度。

【焦距】：设置镜头的焦距，默认值为 40。

【指定视】：启用时，可以设置新的视野（FOV）值（以度为单位）。默认的视野值取决于所选胶片 / 传感器的预设值。默认设置为禁用。大幅更改视野可导致透视失真。

【缩放】：在不更改摄影机位置的前提下缩放镜头。【缩放】提供了一种裁剪渲染图像而不更改任何其他摄影机效果的方式。例如，更改焦距会改变散景效果（因为它可以改变光圈大小），但不会更改缩放值。

【光圈】：将光圈设置为光圈数，或 f 制光圈。此值将影响曝光和景深。光圈数越低，曝光越大，并且景深越窄。

【聚焦】：可选择【使用目标距离】作为焦距，或【自定义】使用不同于目标距离的焦距。焦平面在视图中显示为透明矩形，以摄影机视图的尺寸为边界。

【镜头呼吸】：通过将镜头向焦距方向移动或远离焦距方向来调整视野。镜头呼吸值为 0，表示禁用此效果，默认值为 1。

【启用景深】：启用时，摄影机在不等于焦距的距离上生成模糊效果。景深效果的强度基于光圈设置。

【快门】：【类型】选择测量快门速度使用的单位，【帧】（默认设置）通常用于计算机图形；【秒】或【1/ 秒】通常用于静态摄影；【度】通常用于电影摄影，如图 7-45 所示。

【持续时间】：根据所选的单位类型设置快门速度。该值可能影响曝光、景深和运动模糊。

【偏移】：启用时，指定相对于每帧的开始时间的快门打开时间。更改此值会影响运动模糊。默认值为 0，默认设置为禁用。

【启用运动模糊】：启用时，摄影机可以生成运动模糊效果。默认设置为禁用。

3.【曝光】卷展栏

【曝光】卷展栏如图 7-46 所示。

图 7-45　快门【类型】　　　图 7-46　【曝光】卷展栏

【手动】：通过 ISO 值设置曝光增益。可通过此值、快门速度和光圈设置计算曝光。此值越高，曝光时间越长。

【目标】：设置与 3 个摄影曝光值的组合相对应的单个曝光值设置。每次增加或降低 EV 值，对应的也会降低或增加有效的曝光。因此，值越高，生成的图像越暗；值越低，生成的图像越亮。默认设置为 6。

【光源】：按照标准光源设置色彩平衡。默认设置为日光（6500K）。

【温度】：以色温的形式设置色彩平衡。

【自定义】：用于设置任意色彩平衡。

【启用渐晕】：启用时，可渲染模拟出现在胶片平面边缘的变暗效果。

【数量】：增加此数量以增加渐晕效果。默认值为 1。

4. 其他卷展栏

【散景（景深）】卷展栏如图 7-47 所示，【透视控制】卷展栏如图 7-48 所示，【其他】卷展栏如图 7-49 所示。

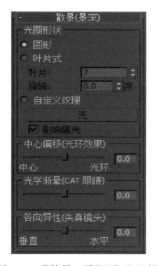
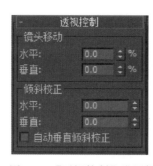

图 7-47 【散景（景深）】卷展栏　　图 7-48 【透视控制】卷展栏　　图 7-49 【其他】卷展栏

【圆形】：散景效果基于圆形光圈。

【叶片式】：散景效果使用带有边的光圈。使用【叶片】值设置每个模糊圈的边数，使用【旋转】值设置每个模糊圈旋转的角度。

【自定义纹理】：使用贴图，用图案替换每种模糊圈（如果贴图为填充黑色背景的白色圈，则等效于标准模糊圈）。

【影响曝光】：启用时，自定义纹理将影响场景的曝光。根据纹理的透明度，可以允许比标准的圆形光圈通过更多或更少的灯光（如果贴图为填充黑色背景的白色圈，则允许进入的灯光量与圆形光圈相同）。禁用此选项后，纹理允许的通光量始终与通过圆形光圈的灯光量相同。

【镜头移动】：将沿水平或垂直方向移动摄影机视图，而不旋转或倾斜摄影机。在 x 轴和 y 轴，它们将以百分比的形式表示帧宽度（不考虑图像纵横比）。

【倾斜校正】：将沿水平或垂直方向倾斜摄影机。可以使用它们来更正透视，特别是在摄影机已向上或向下倾斜的场景中。

【剪切平面】：启用时，视图中剪切平面在摄影机锥形光线内显示为红色的栅格。设置近距和远距平面，采用场景单位。对于摄影机，比近距剪切平面近或比远距剪切平面远的对象是不可视的。

【环境范围】：确定在【环境】面板上设置大气效果的近距范围和远距范围限制。两个限制之间的对象将在远距值和近距值之间消失。这些值采用场景单位。默认情况下，它们将覆盖场景的范围。

7.7　为场景设置灯光及架设摄影机

本节介绍使用 3ds MAX 2018 为场景设置灯光及架设摄影机的过程，案例的基本操作可扫描二维码观看。更多关于灯光及摄影机的使用方法的教学视频可扫描封底二维码下载学习。

❶ 打开本书配套素材文件夹中的 7-7-1.max 文件。首次选择【光度学】类型中的【目标灯光】并单击，将会打开【创建光度学灯光】对话框，如图 7-50 所示的。单击【是】按钮，关闭对话框。按 8 键，在打开的【环境和效果】窗口的【曝光控制】卷展栏中，可以看到已经选择了【对数曝光控制】，如图 7-51 所示。

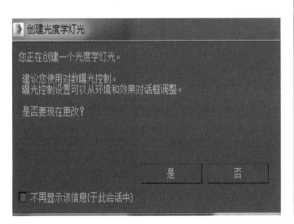

图 7-50　打开【创建光度学灯光】对话框

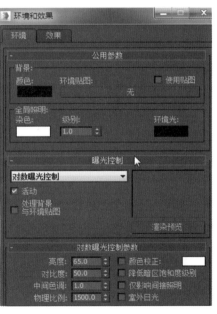

图 7-51　【环境和效果】窗口

❷ 保持【目标灯光】按钮按下，然后按 F 键，在前视图中单击，并从左上方向右下方拖动，建立一盏目标灯光，按 P 键切换到透视视图，按 Shift+F3 组合快捷键，在【真实】显示模式下，按 Alt+B 组合快捷键，打开【配置视口背景】对话框，在【视觉样式和外观】选项卡中选择使用【场景灯光】照亮。在【修改】命令面板中调整灯光的颜色和参数。接着按 T 键，切换到顶视图，按图的位置再创建一盏【自由灯光】。

❸ 在主工具栏中使用【移动】工具，调整两盏灯与场景物品的空间关系，使它们的相对位置如图 7-52 所示。光线的强度、颜色参数等可反复调整，直到满意为止。

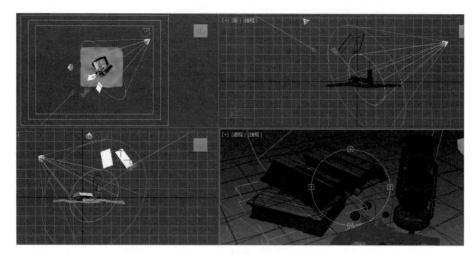

图 7-52 调整两盏灯

❹ 现在创建摄影机。单击【创建】命令面板下的【摄影机】按钮，在下方找到【物理】摄影机，在左视图中单击，并从右向左拖动，建立物理摄影机。

❺ 在顶视图中，使用【移动】工具分别移动摄影机的位置点和目标点，激活透视视图，按 C 键，透视视图便切换成了摄影机视图，显示摄影机所取到的场景，如图 7-53 所示。

图 7-53 摄影机视图

❻ 在顶视图中使用【选择】工具移动摄影机的位置点和目标点，发现摄影机视图也在发生变化，这样可以调整摄影机至一个最佳位置。

❼ 在屏幕的右下角是视图控制区，当激活摄影机视图时将变成摄影机视图的调整按钮。单击其上的功能图标，然后在视图内拖动，可以改变摄影机的焦距、拍摄角度，或者实现推拉摄影机、滚动摄影机等。

❽ 在一个场景中可以架设多台摄影机，在不同的机位取景。选择一台摄影机，切换至【修改】命令面板，选择不同的参数，将渲染输出不同的结果。图 7-54 和图 7-55 是在【物理摄影机】卷展栏中，设置不同的【胶片 / 传感器】值得到的结果，其暗部细节略有区别。

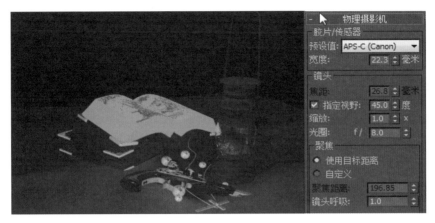

图 7-54 预设值为 ASP-C（Canon）

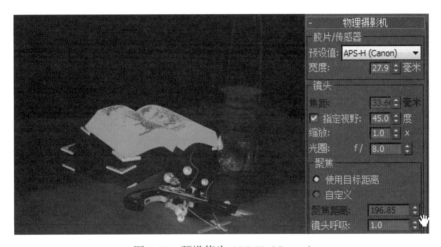

图 7-55 预设值为 APS-H（Canon）

7.8 摄影机的景深效果

本节将对一个室外场景架设摄影机并调节参数，模拟景深效果，以产生距离层次感，案例的基本操作可扫描二维码观看。更多关于灯光与摄影机的使用方法的教学视频可扫描封底二维码下载学习。

现实中使用摄影机拍摄可以呈现如下效果：拍摄近处的景物，远处的景物变得模糊；将远处的景物调整清晰，近处的景物变得模糊。能清晰拍摄的范围称为景深距离。3ds MAX 中的摄影机默认为全视野清晰，即无论拍摄远处景物还是近处景物都可以保持清晰。当然，通过设置也可以模拟景深效果，以产生距离层次感。

打开本书配套素材文件夹中的 7-8-1.max 文件，这是一个已经架好摄影机的室外场景。注意，这里使用的是 mental ray 材质和 mental ray 渲染器。关于渲染器的详细讲解可见本书第9 章。

场景中架设了 4 台物理摄影机，分别在不同的视角，针对不同的对象进行取景。单击视图左上角的视图名称处，在弹出的菜单中选择【物理摄影机 /PhysCamera001】即可打开

PhysCamera001 摄影机视图。按 Shift+F 组合快捷键即可显示安全框。先渲染一张场景环境渲染图观察，如图 7-56 所示。下面进行具体设置。

图 7-56　场景环境渲染图

1. 设置辅助对象

❶ 激活顶视图，然后按 Alt+W 组合快捷键，找到 PhysCamera004 摄影机。

❷ 在【创建】命令面板中，单击【辅助对象】按钮，在【对象类型】卷展栏中选择【卷尺】。

❸ 单击摄影机对象中心，并将其拖动至距离最近的汽车，【参数】卷展栏中的【长度】会显示两个对象之间的距离，如图 7-57 所示。按 Delete 键，删除【卷尺】辅助对象。

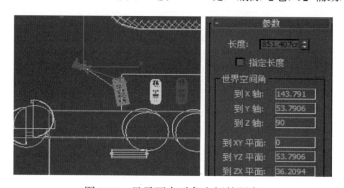

图 7-57　显示两个对象之间的距离

❹再次创建一个【卷尺】，单击摄影机对象中心，并将其拖动至第 5 辆汽车，再次测量距离并记录，如图 7-58 所示。按 Delete 键，删除【卷尺】辅助对象。

图 7-58　再次测量距离并记录

2. 调整 f 制光圈和焦平面

❶ 按 F10 键，打开【渲染设置：NVIDIA mental ray】窗口，在【渲染器】选项卡【摄影机效果】卷展栏的【景深（仅透视视图）】中勾选【启用】复选框，如图 7-59 所示。

图 7-59　勾选【启用】复选框

❷ 景深渲染效果只能在透视视图中起作用，按 P 键从摄影机视图切换到透视视图。

❸ 在【渲染设置：NVIDIA mental ray】窗口的【渲染器】选项卡中，保留【摄影机效果】卷展栏【景深（仅透视视图）】的【f 制光圈】设置，这样可以指定非聚焦对象的模糊度。在【焦平面】微调器中，填入摄影机到第 1 辆汽车的测量距离，并在【f 制光圈】微调器中，将光圈设置为 28。光圈（或 f 制光圈）的值越小，则光圈越大，焦外区域会更模糊。

❹ 单击【渲染】按钮，渲染场景，前景中设置为第 1 辆汽车的焦平面处于最强聚焦，而背景则逐渐变得模糊，如图 7-60 所示。

图 7-60　修改后渲染效果

❺ 在【渲染设置：NVIDIA mental ray】窗口中，将【焦平面】更改为到第 5 辆汽车的距离，然后再次渲染。现在，第 5 辆汽车处于最清晰的聚焦区域中。前景中的所有对象和背景（较少范围）都呈现出模糊的状态。将【f 制光圈】设置为 5.6，然后再次渲染透视视图，与之前的渲染效果进行比较，会发现前景变得清晰了。

❻ 最后，将场景保存为 7-8-2.max。

7.9　剪切平面的应用

本节对一个室内场景架设摄影机并调节参数，介绍摄影机剪切平面的应用，案例的基本操作可扫描二维码观看。更多关于灯光摄影机的使用方法的教学视频可扫描封底二维码下载学习。

❶ 打开本书配套素材文件夹中的 7-9-1.max 文件，这是一个已经架好摄影机的室内场景。通过前面的案例，已经学习了使用摄影机拍摄室内场景的方法，但这里还存在一个问题，即：

初始状态下只能拍摄到房间内的一个小局部，当把焦距缩小到 28mm 时，虽然能拍摄到室内大部分场景，但是场景中物体会发生透视变形，房间会显得过于狭长。此时，可以通过摄影机的【剪切平面】功能解决这个问题。这是一个优于现实中的摄影机的功能。【剪切平面】就是指定摄影机的拍摄范围，对拍摄范围之外的物体视而不见。这样就可以把摄影机架设在房间外，将阻碍视线的墙壁物体设置到拍摄范围外，然后拍摄室内的场景物体。

❷ 在顶视图中，使用【移动】工具，将摄影机移动到室外，这时的摄影机只能拍摄到房间外部。选中摄影机，在【修改】命令面板中勾选【剪切平面】的【启用】复选框，输入【近】和【远】的值，如图 7-61 所示。

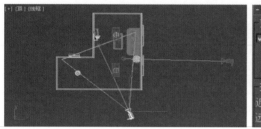

图 7-61　将摄影机移动到室外并启用剪切平面

❸ 这时视图中摄影机的范围框内出现两条红色线条，如图 7-62 所示。红色线条之内是能够拍摄的范围，线条之外的场景将被忽略。渲染摄影机视图，观察到在墙壁外拍摄到了室内的场景，设置较长的焦距，透视扭曲也得到了纠正，如图 7-63 所示。

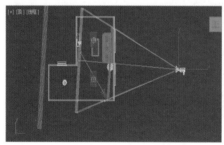

图 7-62　摄影机的范围框内出现两条红色线条　　图 7-63　透视扭曲得到了纠正

7.10　思考与练习

1. 3ds MAX 2018 提供的灯光分别有哪些特点？

2. 用灯光强度变化模拟日光、月光、路灯的效果。

3. 用灯光设置模拟制作激光的效果。

4. 用灯光的变化制作出室内壁炉的效果。

5. 打开以前做的场景，在场景的不同位置设置摄影机，观察摄影机位置变化对视图的影响。

6. 把摄影机的焦距设置为不同的值，观察它对场景的影响。

08 动画设计

本章提要

运动命令面板简介

动画控制器、动画约束器简介

变形动画案例

自动关键点动画案例

书写文字动画案例

机器人动画案例

8.1 动画设计概述

8.1.1 动画的对象

在制作动画前，首先要了解制作动画的对象。在 3ds MAX 2018 中，可用来制作动画的对象非常多，几乎所有在场景中出现的元素都可以作为动画的对象，包括基本体、相机、灯光、材质、粒子系统、骨骼系统等。下面对几个主要的动画对象进行介绍。

1. 相机

相机在三维制作中占有非常重要的地位。3ds MAX 2018 中的相机可以用来制作跟踪动画、浏览动画，还可以利用多个相机进行镜头变换，完成各种视觉特效。

2. 灯光

3ds MAX 2018 中强大的灯光系统可以用来模拟现实的灯光，并且这些灯光的参数都可以用来生成动画，例如，摇摆吊灯的灯光、穿过树丛的太阳光、朦胧的车灯等，另外还可以使用灯光来制作空气中的浮尘效果。

3. 材质

3ds MAX 2018 中的材质支持多层次嵌套，它的多项参数，如透明度、高光位置、漫反射颜色、贴图位置及数目等都可以用来制作动画。还可模拟天空中云层的运动、水面的波纹、闪电效果等。

4. 粒子系统

粒子系统本身就具有默认的动画效果，它可以用来模拟雨、雪、瀑布、流动的水、喷溅的水花、尘土、星空等，功能相当强大。

5. 骨骼系统

骨骼系统是 3ds MAX 2018 中用来制作角色动画的。角色动画的制作属于较为高级的动画制作，相对上述对象的动画过程来说更加复杂。3ds MAX 2018 在系统中捆绑了 Character

Studio，使角色动画的制作更加方便、自由。

8.1.2　与动画相关的一些命令

1. 【时间配置】对话框

在 3ds MAX 2018 主界面的右下方的动画控制区，单击【时间配置】按钮，可以打开【时间配置】对话框，如图 8-1 所示，其中主要包括以下参数。

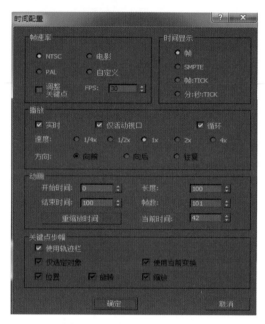

图 8-1　【时间配置】对话框

【帧速率】：指每秒钟帧的数目。目前国际上通用的有 3 种标准，即 NTSC，为 30 帧 / 秒，其在除欧洲以外的范围内使用；PAL，为 25 帧 / 秒，在欧洲使用此标准；电影，为 24 帧 / 秒。除此之外，还提供了自定义选项，可以根据需要设置。在制作动画时，一般采用 NTSC 标准。

【时间显示】：其中的 4 个选项用来设置轨迹栏的时间显示模式。【帧】为默认的显示模式；【SMPTE】是录像和电视中常用的一个测量时间的标准；【帧：TICK】显示的时间模式为当前动画的帧数和 TICK 数，中间用冒号隔开，此时一个【TICK】表示将 1 帧分为多少份，其值因为帧速率的不同而不同；【分：秒：TICK】显示的时间模式为当前动画的分钟数、秒数和 TICK 数，中间用冒号隔开，此时一个【TICK】表示将 1 秒分为 4800 份。

【播放】：可对动画的播放速度进行设置，同时还可设置动画播放的方向。勾选【实时】复选框，动画会丢帧，以便与所指定的帧速率相符。

【动画】：设置定制动画的帧的相关信息。【开始时间】定义了该动画开始时的帧数，【结束时间】定义了该动画结束时的帧数，【长度】显示动画的总长度，【帧数】显示总的帧数目，【当前时间】显示当前所处的帧的位置。单击【重缩放时间】按钮可以在打开的对话框中重新设置时间。

【关键点步幅】：各选项用于控制关键帧的跳转。【使用轨迹栏】选项是默认选项，选中后，可在被选择物体的各关键帧之间进行快速跳转。

2.【运动】命令面板

单击【运动】按钮 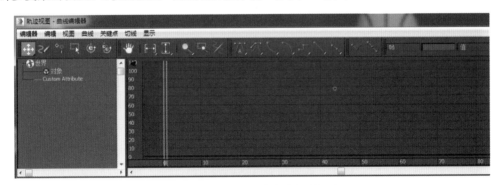，显示【运动】命令面板，其中包含【参数】和【轨迹】。在默认状态下，【参数】处于激活状态，【运动】命令面板的卷展栏如下。

（1）【指定控制器】卷展栏

在此卷展栏中可以通过单击 按钮打开使用的控制器列表，为场景中的相关造型分配控制器。

（2）【PRS 参数】卷展栏

在此卷展栏中可以通过相应的按钮生成或删除相应的位置、旋转、缩放的关键帧。

（3）【位置 XYZ 参数】卷展栏

在这个卷展栏中可以通过【X】、【Y】和【Z】按钮选择不同的轴向，以便在帧信息卷展栏中编辑。

（4）【关键点信息（基本）】和【关键点信息（高级）】卷展栏

这两个卷展栏包括一些特定的关键帧的信息，可以通过右键单击轨迹栏上的关键帧，访问这些信息。

3.【轨迹视图】窗口

在【图形编辑器】菜单中可以选择单击【轨迹视图 - 曲线编辑器】或【轨迹视图 - 摄影表】命令，打开对应窗口。【轨迹视图】窗口是动画创作的重要工作窗口，大部分的动作调节都在这里进行。【轨迹视图】分为【曲线编辑器】和【摄影表】两种不同的编辑模式。【曲线编辑器】以函数曲线方式显示和编辑动画；【摄影表】以动画关键帧和时间范围方式显示和编辑动画，关键帧有不同的颜色分类，并且可以移动和缩放，以及更改动画时间。

由于 3ds MAX 2018 内部几乎所有可调节的参数都可以记录为动画，所以【轨迹视图】窗口中的设置相对比较复杂，所有可以进行动画调节的项目都会一一对应在这里，以目录树的形式显示在左侧的项目列表中。使用【轨迹视图】控制动画就像使用遥控器控制动作，它可以完成许多复杂的设置。【轨迹视图 - 曲线编辑器】窗口如图 8-2 所示。

图 8-2 【轨迹视图 - 曲线编辑器】窗口

从整体上看，窗口可以分为以下几部分。

（1）菜单栏

菜单栏位于窗口的上方，对各种命令项目进行了归类，既可以方便地浏览一些工具，也可对当前操作模式下可用的命令项目进行辨识。在【曲线编辑器】模式与【摄影表】模式之间进行切换时，菜单栏和工具栏的参数也会相应地发生改变。工具栏和菜单栏中存在一些相同的命令项目，绝大多数工具栏中的项目在菜单栏中也存在。

（2）工具栏

在窗口上方有一行工具按钮，用于各种编辑操作，它们只能作用于【轨迹视图】窗口内部，不要将它们与屏幕主工具栏混淆。

关键帧的切线类型如下。

【将切线设置为自动】：选择关键帧并按下此按钮，将自动设置关键帧的切线率。

【将切线设置为样条线】：设置关键帧的切线为自定义方式，可以手动调节切线率，配合键盘上的 Shift 键可以将该点的切线打断，使左、右两侧的调节手柄无关联，各自调节一侧的曲率。

【将切线设置为快速】：插补值改变的速度围绕关键帧逐渐增加，越接近关键帧，插补越快，曲线越陡峭，可以表现加速的动画效果。

【将切线设置为慢速】：插补值改变的速度围绕关键帧缓慢下降，越接近关键帧，插补越慢，曲线越平缓，可以表现减速的动画效果。

【将切线设置为阶梯式】：将曲线以水平线控制，在接触关键帧处垂直切下。动画对象在两个关键帧之间会出现跳动，没有中间的过渡过程。

【将切线设置为线性】：设置关键帧的切线率为线性模式，与线性控制器一样，它只影响靠近此关键帧的曲线，用于表现匀速运动。

【将切线设置为平滑】：设置关键帧的切线率为自动平滑模式，系统会自动进行平滑处理。

【断开切线】：将关键点切线处的两个调节手柄断开，使它们能够独立调节。

【统一切线】：将两个断开的切线手柄重新统一，在移动其中一个手柄时，另一个会向相反方向移动。

（3）控制器窗口

控制器窗口位于窗口左侧的区域，以目录树的形式列出了场景中所有可制作动画的项目。分为多种类别，每一类别中又按不同的层级关系进行排列。每一个项目都对应右侧的编辑视窗。通过控制器窗口，可以指定要进行轨迹编辑的项目，还可以为指定项目加入不同的动画控制器和越界参数曲线。

（4）编辑视窗

编辑视窗位于窗口右侧的区域，可以显示动画关键帧、函数曲线或动画区段，以便对各个项目进行轨迹编辑。根据选择工具的不同，这里的形态也会发生变化，【轨迹视图】中的主要工作就是在编辑视窗中进行的。

8.1.3　动画控制器

【动画控制器】是存储并管理所有动画关键帧值的工具。每个活动的对象和参数都会被分配一个控制器，每个控制器都有相应的参数，通过改变这些参数可以控制控制器对动画对象的影响。

在【运动】命令面板中单击【参数】按钮，在【指定控制器】卷展栏中选择【位置：位置XYZ】，单击【指定控制器】按钮，可打开【指定位置控制器】对话框，如图 8-3 所示。选择一种控制器，单击【确定】按钮，在【指定控制器】卷展栏下方会根据所选择的控制器列出对应的参数，供用户进行设置。使用类似方法也可打开其他指定控制器对话框。

图 8-3 【指定位置控制器】对话框

由于控制器很多，不可能对其进行详尽的介绍，下面介绍部分较为常用的控制器。

1.【位置 / 旋转 / 缩放】控制器

这是在创建对象后默认生成的控制器，可分别设置位置、旋转和缩放。其中【位置】选项默认的控制器是【位置 XYZ】，【旋转】选项默认的控制器是【Euler XYZ】，【缩放】选项默认的控制器是【Bezier 缩放】。

2.【位置 XYZ】控制器

【位置 XYZ】控制器将【位置】控制项目分离为 X、Y、Z 3 个独立的控制项目，可以单独为每一项指定其他的控制器。

3.【Euler XYZ】控制器

这是一种合成控制器，可将旋转控制分离为 X、Y、Z 3 个独立的控制项目，分别控制 3 个轴向上的旋转，每个轴向上默认都是 Bezier 控制器，可以对每个轴向指定其他的动画控制器。这样就可以实现对旋转轨迹的精细控制。

4.【位置列表】控制器

【位置列表】控制器是一个组合其他控制器的合成控制器，与多维子对象材质的性质相同，它将其他种类的控制器组合在一起，按从上到下的排列顺序进行计算，产生组合的控制效果。

5.【音频】控制器

【音频】控制器通过一个声音的频率和振幅来控制动画的节奏，它可以作用的类型包括【变换】、【浮点】和【三点的数值（颜色）通道】。这是一个非常有用的控制器，它可以使用 WAV、AVI 和 MPEG-4 格式文件的声音来控制对象的运动。

6.【表达式】控制器

【表达式】控制器通过数学表达式实现动作的控制，它可以控制对象的基本建立参数（如长度、半径等）、变换和修改（如移动、缩放等）。数学表达式是使用数学函数计算后返回值，可利用各种函数（如正弦、余弦等）控制动作。

7.【噪波】控制器

【噪波】控制器可以使对象产生随机的动作变化，它没有关键帧设置，而是使用一些参数来控制噪波曲线，从而影响动作。

8.【线性】控制器

【线性】控制器用于在两个关键帧之间平衡地进行动画插补计算，得到标准的【线性】动画。【线性】控制器不显示属性对话框，但保存了关键帧所在的帧数和动画值。

9.【弹簧】控制器

【弹簧】控制器用于为点或对象的位移附加动力学效果，类似【柔体】命令，在动画的末端产生缓冲效果。当为一个对象指定【弹簧】控制器后，原有的动画会作为二级运动，运动的速度由指定的动力学属性决定。

10.【TCB】控制器

【TCB】控制器可以产生曲线的运动控制，通过【张力】、【连续性】和【偏移】3 个参数选项来调节动画。

8.1.4 动画约束器

动画约束功能可实现动画过程的自动化，它可以将一个对象的变换运动（移动、旋转、缩放）通过建立绑定关系，约束到其他对象上，使约束对象按照约束的方式或范围进行运动。约束其实也是一种动画控制器，不过它控制的是对象与对象之间的动画关系，具体的设置在【运动】命令面板上调节，其中的调节参数又属于可制作动画的项目，所以参数也会列在【轨迹视图】窗口中，但无法在轨迹视图中调节约束的属性。

创建一个约束关系需要一个对象与至少一个目标对象，目标对象能够对约束对象施加特殊的限制。当目标对象进行运动变换时，约束对象也会依据指定的约束方式一同运动。例如，要制作飞机沿着特定轨迹飞行的动画，可以通过【路径约束】将飞机的运动约束到样条线上。约束与其目标对象的绑定关系在一段时间内可以开启或关闭。

下面介绍 3ds MAX 2018 中主要的约束控制类型。

1. 链接约束

【链接约束】是将一个对象链接到另外的对象上制作动画，对象会继承目标对象的位移、旋转和缩放属性。常见的例子是：实现左侧的机械臂将地上的球拾起，交给右侧的机械臂，球体在不同的时间段链接给了不同的对象。还可以通过轨迹栏或曲线编辑器来调节链接约束的关键点。

2. 路径约束

【路径约束】使对象沿一条样条线或沿多条样条线之间的平均距离运动。路径目标可以是各种类型的样条线，可以对其设置任何标准位移、旋转、缩放动画，还可以在约束对象的同时，对路径的子对象（如顶点或片段等）设置动画。

约束对象可以受多个目标对象的影响。通过调节权重值的大小，可以控制当前目标对象相对于其他目标对象对约束对象产生的影响程度。权重值只在存在多个目标对象时有效，值为0 时，表示对约束对象不产生任何影响。

3. 附着约束

【附着约束】是一种位置约束，只能指定给【位置】项目。它的作用是能够将一个对象的位置结合到另一个对象的表面（目标对象不一定非要为网格对象，但必须能够转化为网格对象）。

通过在不同关键帧指定不同的附着约束，可以制作出对象在另一个对象不规则表面上运动的动画效果。如果目标对象表面是变化的，它也可以产生相应的变化。

4. 位置约束

【位置约束】指以一个对象的运动来牵动另一个对象的运动。主动对象称为目标对象，被动对象称为约束对象。在指定了目标对象后，约束对象不能单独进行运动，只有在目标对象移动时，才跟随运动。目标对象可以是多个对象，通过分配不同的权重值控制对约束对象影响的大小。权重值为 0 时，对约束对象不产生任何影响，对权重值的变化也可记录为动画。例如，将一个球体约束到桌子表面，对权重值设置动画可以创建球体在桌面上弹跳的效果。

5. 曲面约束

【曲面约束】指约束一个对象沿另一个对象曲面进行变换，只有具有参数化曲面的对象才能作为目标曲面对象，包括球体、圆锥体、圆柱体、圆环、单个四边形面片、放样对象和 NURBS 对象。由于曲面约束只作用于参数化曲面，任何能够将对象转化为网格的修改器都将造成约束失效，使用时一定要注意。

6. 注视约束

【注视约束】用于约束一个对象的方向，使该对象总是注视着目标对象。注视约束能够锁定对象的旋转角度，使它的一个轴心点始终指向目标对象。约束控制可以同时受多个目标对象的影响，通过调节每个目标对象的权重值决定它对约束对象的影响情况。带有目标点的聚光灯和摄影机使用的控制器就是【注视】控制器。

7. 方向约束

【方向约束】将约束对象的旋转方向约束在一个对象或几个对象的平均方向上。约束对象可以是任何可旋转的对象，一旦进行了方向约束，该对象将继承目标对象的方向，不能再进行手动旋转变换操作，但可以指定移动或缩放变换。目标对象可以是任何类型的对象，旋转目标对象能够带动约束对象一起旋转，目标对象可以使用任何标准的移动、旋转及缩放变换工具，并且可以设置动画。约束对象可以指定多个目标对象，通过对目标对象分配不同的权重值来控制它们对约束对象影响的大小。权重值为 0 时，对约束对象不产生任何影响，对权重值的变化也可记录为动画。

8.2 变形动画：花瓶变酒杯

本节通过制作一个花瓶变酒杯的变形动画，介绍 3ds MAX 2018【变形】复合对象制作动画的过程，案例的基本操作可扫描二维码观看。更多关于动画设计的教学视频可扫描封底二维码下载学习。

❶ 打开本书配套素材文件夹中的 8-2-1.max 文件。文件中场景的简要制作方法如下：先用线绘制出花瓶的侧面，然后用车削命令旋转完成花瓶，再复制出若干个花瓶，接着调整每个物

体的顶点位置，于是形成了如图 8-4 所示的场景。

❷ 下面进行变形动画的制作。在视图中选取第 1 个物体，单击【创建 / 几何体 / 复合对象 / 变形】按钮，在命令面板下方的【拾取目标】卷展栏中选择【移动】，并单击【拾取目标】按钮，在视图中单击第 2 个物体，观察视图中物体的变化。

❸ 将视图下方的时间滑块拖动至第 10 帧，在视图中继续单击下一个物体，依次拖动时间滑块，并依次单击场景中的物体，这时场景中的物体都将"移动"到第 1 个物体上。

❹ 在命令面板的【当前对象】卷展栏中再次选中某一个物体的名称，单击【创建变形关键点】按钮，便可以用前面"消失"的某一物体做关键帧。创建变形关键点如图 8-5 所示。

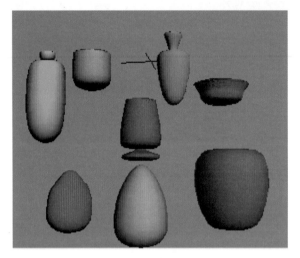

图 8-4　场景

图 8-5　创建变形关键点

❺ 单击动画控制区的【播放动画】按钮▶，观看效果。保存文件为 8-2-2.max。

8.3　使用自动关键点录制动画

本节通过制作一个门打开的动画，介绍 3ds MAX 2018 使用自动关键点录制动画的过程，案例的基本操作可扫描二维码观看。更多关于动画设计的教学视频可扫描封底二维码下载学习。

❶ 打开本书配套素材文件夹中的 8-3-1.max 文件，此文件是前面设计过的书柜模型。接下来为其设计一个门自动打开的动画。

❷ 先选中左侧门板，利用【旋转】工具，在顶视图中以 z 轴为轴心旋转一定角度，进行观察，发现开门动作不正确，原因是旋转轴心位置不对，轴心应该位于左侧门板的最左侧。按 Ctrl+Z 组合快捷键取消旋转操作。

❸ 切换到前视图，先选中左侧门板，然后切换到【层次】命令面板，单击【调整轴】卷展栏下的【仅影响轴】按钮。此时视图中就会出现轴心的图标。利用【对齐】工具将轴心对齐到左侧门板的最左侧。对齐轴为 x 轴，也就是沿着水平方向对齐。当前对象为轴心，对齐方式为【轴点】，目标对象为左侧门板，对齐方式为【最小】。最后关闭【层次】命令面板。对齐效果如图 8-6 所示。

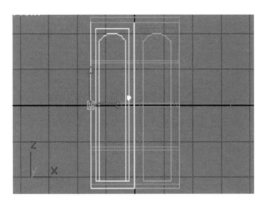

图 8-6 对齐效果

❹ 再次切换到顶视图，旋转左侧门板，此时开门动作就正确了。撤销旋转操作，用同样的方法调整右侧门板的轴心，将轴心定位在右侧门板的最右端。调整好轴心后关闭【层次】命令面板。

❺ 接着开始制作书柜开门的动画。将动画时间滑块拖动到第 100 帧，然后单击【自动关键点】动画录像按钮，在透视视图中，以 z 轴为旋转轴，利用【旋转】工具将书柜左侧门板顺时间旋转 120 度，然后关闭动画录制，单击【播放动画】按钮，就可以观看书柜的门打开的动画了。

❻ 最后保存文件为 8-3-2.max。

8.4 书写文字动画

本节通过制作书写文字的动画，介绍 3ds MAX 2018 的路径约束和材质动画，案例的基本操作可扫描二维码观看。更多关于动画设计的教学视频可扫描封底二维码下载学习。

8.4.1 生成路径变形文字

❶ 单击【快速访问工具栏】的 按钮，选择【重置】命令，重新设定系统。

❷ 在【创建】命令面板中单击【图形】中的【文本】按钮，在前视图中输入"3D"文字。将字体修改为【Verdana Bold Italic】，大小为 10，其余参数保持默认值。

❸ 激活文字，单击右键，在弹出的菜单中选择【转换为可编辑样条线】，将文字转换为可编辑样条线。进入【修改】命令面板，选择【样条线】子物体级，选择文字的轮廓线。在【几何体】卷展栏中单击【分离】按钮，在弹出的窗口中选择【确定】，依次将文字分离为单独的样条线，此处将分成 3 条。

❹ 回到【创建】命令面板，单击【几何体】中的【圆柱体】按钮，在顶视图中创建一个【半径】为 0.2，【高度】为 100 的圆柱体，并将【高度分段】值设置为 200。

❺ 再复制两个圆柱体，选中其中一个圆柱体，进入【修改】命令面板，添加【路径变形】修改器，单击【拾取路径】按钮，在视图中单击"3"，将圆柱体放置到路径上，并在修改器堆栈中单击圆柱体，回到原始物体，用【移动】和【旋转】工具将其摆放到合适的位置。圆柱体沿"3"路径变形后的效果如图 8-7 所示。

❻ 按照相同的方法将复制的两个圆柱体通过添加【路径变形】修改器分别放置到"D"的

两个轮廓上。圆柱体沿"3D"路径变形后的效果如图 8-8 所示。

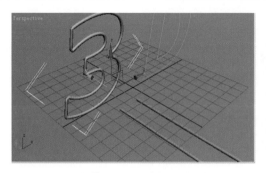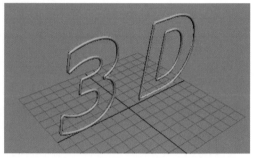

图 8-7　圆柱体沿"3"路径变形后的效果　　　　图 8-8　圆柱体沿"3D"路径变形后的效果

8.4.2　文字动画的制作

❶ 选择"3"，展开【参数】卷展栏，将【百分比】设置为 100，【拉伸】设置为 0，这样圆柱体将放置到文字"3"的书写起点上，如图 8-9 所示。

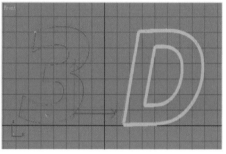

图 8-9　圆柱体将放置到文字"3"的书写起点上

❷ 单击动画控制区的【时间配置】按钮 ，在弹出的对话框中将【结束时间】设置为200，单击【确定】按钮退出。单击【自动关键点】按钮，开始记录动画。将时间滑块拖动到第 100 帧处，在【参数】卷展栏中将【拉伸】设置为 1。关闭动画记录，拖动时间滑块可以看到"3"的书写效果已完成。

❸ 然后选中"D"内轮廓上的圆柱体，将时间滑块拖动到第 160 帧处，将【百分比】设置为 100，【拉伸】设置为 0，这样圆柱体将放置到书写起点上，开始记录动画。将时间滑块拖动到第 200 帧处，将【拉伸】数值设置为 1。关闭动画记录，将第 0 帧处的关键帧拖动到第 200帧。这样书写效果基本完成了，播放动画可以看到效果。

8.4.3　添加铅笔书写动画

❶ 在前视图中创建【半径】为 0.5，【高度】为 5，【高度分段】为 5 的圆柱体。

❷ 进入修改命令面板，为其添加【编辑网格】修改器，单击 按钮，在顶视图中选中圆柱体顶端的面，使用【缩放】工具将其缩小为一个点，一支铅笔就完成了，顶视图中的铅笔如图 8-10 所示。

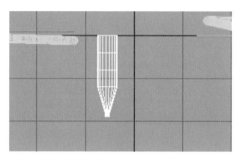

图 8-10　顶视图中的铅笔

❸ 进入【层级】命令面板，单击【仅影响轴】按钮，将轴点置于铅笔尖处，如图 8-11 所示。利用【旋转】工具在前视图中将铅笔旋转到如图 8-12 所示位置。

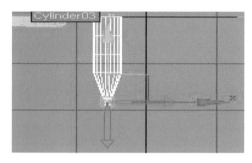

图 8-11　轴点位置

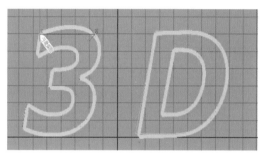

图 8-12　铅笔位置

❹ 复制两只铅笔。选中一支铅笔，打开【运动】命令面板，展开【指定位置控制器】卷展栏，单击【位置】，再单击【指定控制器】按钮。在弹出的对话框中选择【路径约束】选项，单击【确定】按钮关闭窗口，如图 8-13 所示。

❺ 在【路径参数】卷展栏中单击【添加路径】按钮，在视图中单击"3"的文字框，在面板中勾选【跟随】和【循环】复选框。在第 0 帧处将【% 沿路径】设置为 0，这时铅笔将对准文字的起点。在第 100 帧处将【% 沿路径】设置为 100，再单击【自动关键点】按钮，在第 0 帧到第 100 帧时间段拖动时间滑块，然后修改【% 沿路径】的值，以添加几个关键帧，使铅笔与圆柱体同步运动，调整合适后关闭【自动关键点】，如图 8-14 所示。

图 8-13　选择【路径约束】

图 8-14　设置关键帧动画

❻ 播放动画后发现，若要铅笔与圆柱体同步运动，在第 20 帧时需将【% 沿路径】设置为50，在第 40 帧时字就可以写完了，此时将第 40 帧处的关键帧选中，按住 Shift 键拖动复制一个，放置在第 100 帧处，于是从第 40 帧到第 100 帧，其【% 沿路径】始终保持 100，如图 8-15 所示。

图 8-15　调整关键帧的位置

❼ 使用同样的方法制作第 2 支铅笔，沿 "D" 的外轮廓运动，其运动的时间段与外圈的圆柱体的时间段一致。第 3 支铅笔沿 "D" 的内轮廓运动，其运动的时间段与内圈的圆柱体的时间段一致。

❽ 在视图中建立两盏泛光灯，激活透视视图，按 Ctrl ＋ C 组合快捷键再添加一架目标物理摄影机，并切换为摄影机视图，调整角度，效果如图 8-16 所示。

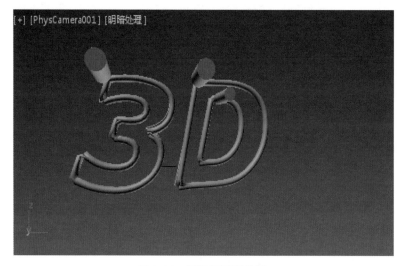

图 8-16　摄影机视图效果

8.4.4　设置铅笔依次出现的动画

❶ 打开材质编辑器，制作 3 个圆柱体的材质。选择其类型为【标准】，将【高光级别】设置为 100，【光泽度】设置为 60，【漫反射】颜色设置为 RGB（20, 138, 240）。

❷ 接着制作铅笔的动态材质。材质类型为【混合】，混合材质 1 又是一个【多维 / 子对象】材质，其材质 ID 为 1 的，为【标准】材质，【高光级别】设置为 60，【光泽度】设置为10，【漫反射】颜色设置为 RGB（255, 5, 5），这是铅笔笔身的颜色。材质 ID 为 2 的，为【标准】材质，【高光级别】设置为 60，【光泽度】设置为 10，【漫反射】颜色设置为 RGB（255, 247, 201），这是铅笔的头和尾的颜色。混合材质 2 是一个【标准】材质，其【环境光】和【漫反射】颜色均为白色，【高光级别】、【光泽度】和【透明度】均为 0。铅笔材质的逻辑关系如图 8-17 所示。

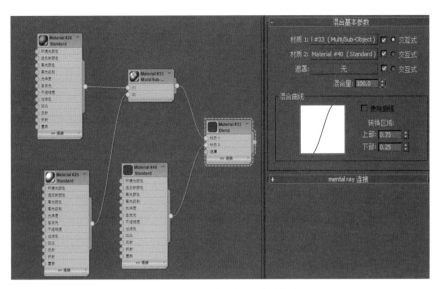

图 8-17　铅笔材质的逻辑关系

❸ 在这里，【混合量】为 1 时，即为材质 1（铅笔显示），【混合量】为 100 时，即为材质 2（铅笔隐藏）。然后需要再复制两份这样的材质，分别赋予场景中的另外两支铅笔，让它们在不同的时间段出现或隐藏。

❹ 在视图中选择铅笔，在【修改】命令面板中单击 ■ 按钮，然后选中铅笔两端的面，即前端圆锥的面和铅笔最后端的面，在【曲面属性】卷展栏中将 ID 设置为 2。当书写一个文字时其余两支铅笔应该是隐藏的。

❺ 选中第 1 支铅笔材质，单击动画控制区的【自动关键点】按钮，将时间滑块拖到第 0 帧处，将材质编辑器中的【混合量】数值设置为 0，将时间滑块拖到第 100 帧处，将材质编辑器中的【混合量】数值设置为 100，铅笔材质变为透明。拖动时间滑块，发现铅笔是渐渐消失的，不符合要求。此时，单击工具栏的【曲线编辑器】按钮，打开【轨迹视图 - 曲线编辑器】窗口。

❻ 在其控制器窗口选择第 1 支铅笔材质，并展开材质分支的【混合量】参数，右侧将显示该参数变化的轨迹曲线。单击上方工具栏的【添加关键点】按钮，将曲线编辑成如图 8-18 所示的效果，即从第 0 帧到第 100 帧【混合量】都为 0，从第 101 帧开始都为 100。

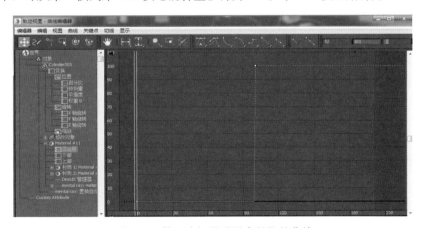

图 8-18　第 1 支铅笔【混合量】的曲线

❼ 选中第 2 支铅笔材质，编辑【混合量】的曲线，如图 8-19 所示。

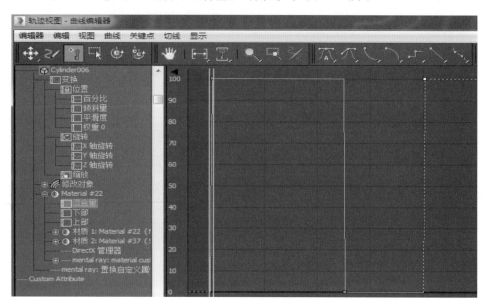

图 8-19　第 2 支铅笔【混合量】的曲线

❽ 编辑第 3 支铅笔材质【混合量】的曲线，如图 8-20 所示。这样整个动画全部制作完成了。

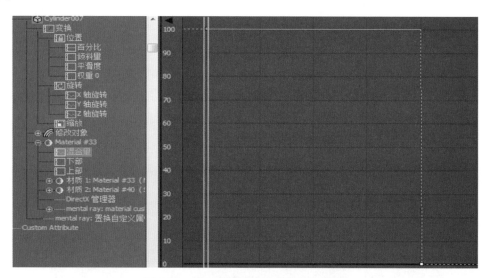

图 8-20　第 3 支铅笔【混合量】的曲线

8.5　骨骼系统和约束系统的使用

本节将制作一个小机器人行走的动画，介绍 3ds MAX 2018 骨骼系统和约束系统的使用，案例的基本操作可扫描二维码观看。更多关于动画设计的教学视频可扫描封底二维码下载学习。

8.5.1 头部和眼球的动画

❶ 打开本书配套素材文件夹中的 8-5-1.max 文件，单击动画控制区的【时间配置】按钮
，将【帧速率】的制式改为 PAL，并且将长度改为 250 帧。

❷ 先设置机器人的头部动画和眼球动画。这部分操作比较简单，创作者可以充分发挥创
造力。在透视视图中选择眼球，使用【旋转】工具，并同时打开【自动关键点】，拖动时间滑
块到第 10 帧，转动眼球到一定角度，如图 8-21 所示。可以拖动时间滑块，观察视图中的动画
效果。

❸ 可采用前面介绍的方法，随意设置关键帧，使机器人的眼球随意转动，如图 8-22 所
示，观察动画控制时间线上的关键帧。

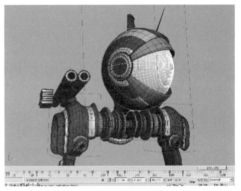

图 8-21　转动眼球到一定角度　　　图 8-22　使机器人的眼球随意转动

❹ 眼睑的动画设定与眼球的动画设定基本相同。在透视视图中选择眼睑，使用【旋转】
工具，并同时打开【自动关键点】，拖动时间滑块到第 125 帧，右键单击时间滑块，弹出【创
建关键点】对话框，如图 8-23 所示，单击【确定】按钮。

❺ 拖动时间滑块到第 135 帧，在透视视图中转动眼睑到一定角度，如图 8-24 所示。

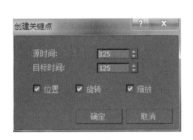

图 8-23　【创建关键点】对话框　　　图 8-24　转动眼睑到一定角度

❻ 如前所述，对眼睑进行同样的操作，使上眼睑眨眼的动画重复几次，动画关键帧如
图 8-25 所示。

图 8-25　动画关键帧

❼ 对下眼睑进行同样的操作，注意，眨眼的动画是上、下眼睑同时闭合的，请控制好时间，效果如图 8-26 所示。

❽ 到现在为止已经成功地设置了眼球和眼睑的动画，可以拖动时间滑块在视图中预览动画效果。

❾ 接下来设置头部的动画效果。由于整个头部会一起转动，因此需要将头部成组为一个物体，选择头部的所有物体如图 8-27 所示，单击菜单【组 / 成组】命令，将头部成组为一个物体，这样便于对整个物体进行动画操作。

图 8-26　效果　　　　　　　　　　　　图 8-27　选择头部的所有物体

❿ 在透视视图中选择头部，使用【旋转】工具，并同时打开【自动关键点】，拖动时间滑块到第 10 帧，将头部转到一定角度，如图 8-28 所示。

图 8-28　将头部转到一定角度

⓫ 对头部进行进一步操作，与前面类似。打开【自动关键点】，拖动时间滑块，转动头部，设置关键帧，来回拖动时间滑块在视图中浏览动画效果，然后进行修改完善即可。

8.5.2　腿部的动画

❶ 设置腿部的骨骼系统和约束系统，这部分内容的学习很关键。首先，创建腿部骨骼。单击【创建】命令面板中的【系统】按钮 ![按钮]，选择【骨骼】，如图 8-29 所示。

图 8-29　骨骼

❷ 在前视图中创建骨骼，根据腿部的关节绘制，如图 8-30 所示。移动骨骼到腿部物体上，与腿部吻合，如图 8-31 所示。

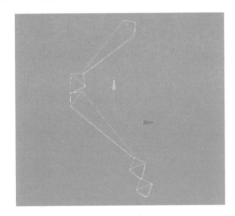

图 8-30　创建骨骼

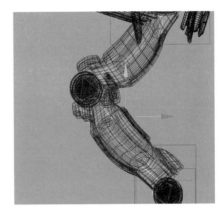

图 8-31　移动骨骼到腿部物体上

❸ 根据脚部的脚趾创建骨骼，如图 8-32 所示。

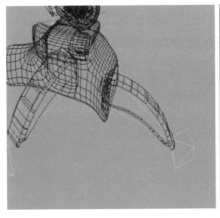

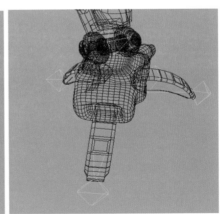

图 8-32　根据脚部的脚趾创建骨骼

❹ 机器人的脚部有 3 个脚趾，可以根据一开始的脚趾骨骼复制出另外两个。注意，在复制完成后需将脚趾的骨骼与视图中的物体对齐，尽量使之吻合，这样在以后的骨骼绑定约束中，可以更为直观，如图 8-33 所示。

❺ 接下来将脚趾部分的骨骼和腿部的骨骼连接起来。单击【链接】按钮，选择脚趾的

根部关节，拖动至腿部的最末端的关节，如图 8-34 所示。

图 8-33　复制出另外两个脚趾骨骼

图 8-34　骨骼相连

❻ 对其他两个脚趾进行相同的连接操作。

❼ 设置腿部与骨骼的绑定。首先，选择机器人大腿的关节，单击【链接】按钮，将其拖动到相应的骨骼上，如图 8-35 所示。同样的操作设置小腿与骨骼的绑定，如图 8-36 所示。

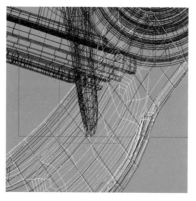

图 8-35　设置大腿部与骨骼的绑定

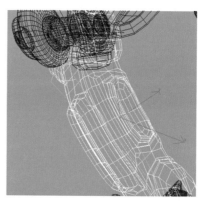

图 8-36　设置小腿与骨骼的绑定

❽ 设置脚趾部分骨骼与实体的绑定，如图 8-37 所示。将脚掌部分绑定到腿部骨骼的最末端，如图 8-38 所示。

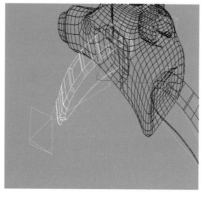

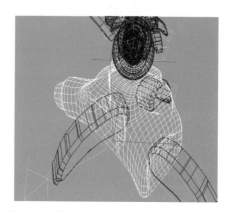

图 8-37　设置脚趾部分骨骼与实体的绑定　　图 8-38　脚掌部分绑定到腿部骨骼的最末端

⑨ 接下来设置骨骼的 IK 系统。选择大腿根部的骨骼，使用菜单命令【动画 /IK 解算器 / HI 解算器】，如图 8-39 所示。

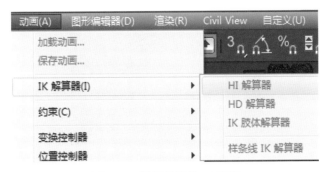

图 8-39　设置骨骼的 IK 系统

⑩ 可以在视图中观察到一条虚线，单击大腿骨骼部分的最末端的骨骼，腿部的 IK 绑定完成，选择 IK 链的十字，移动观察腿部的连接情况。

⑪ 为了使后续动画的设置更加直观，这里设置一个虚拟物体。在【创建】命令面板的【辅助对象】中找到【虚拟对象】按钮，在前视图中创建虚拟物体，并摆放到适当位置，使之与 IK 链的十字基本对齐（不一定十分准确）。在后续的动画操作中，将使用虚拟对象操作 IK 链，带动腿部的动画。使用【链接】工具，将十字绑定到虚拟物体上，使虚拟对象成为十字的父物体，如图 8-40 所示。

⑫ 对另一条腿进行腿部的骨骼绑定，使用与前面类似的方法操作，最终效果如图 8-41 所示。可以观察到腿部的骨骼在最终的渲染中不会体现。

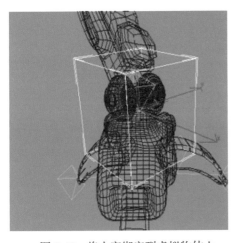

图 8-40　将十字绑定到虚拟物体上　　　　　图 8-41　最终效果

8.5.3　武器的动画

为了使角色动画更生动，创作者也可以为炮管设置转动的动画。在透视视图中选择炮管，使用【旋转】工具，并同时打开【自动关键点】，拖动时间滑块到第 60 帧，将炮管转到一定角度，如图 8-42 所示，移动时间滑块，为炮管添加更多的转动动画即可。

图 8-42　将炮管转到一定角度

8.5.4　行走的动画

❶单击【自动关键点】按钮，在前视图中，选择机器人右腿腿部的虚拟物体，移动时间滑块到第 20 帧，向上移动虚拟物体，使之带动腿部运动，如图 8-43 所示。

❷移动时间滑块到第 40 帧，移动虚拟物体到前方，如图 8-44 所示。

图 8-43　带动腿部运动

图 8-44　移动虚拟物体到前方

❸移动时间滑块到第 60 帧，移动虚拟物体到上方，如图 8-45 所示。

❹移动时间滑块到第 80 帧，移动虚拟物体到后方，如图 8-46 所示。

图 8-45　移动虚拟物体到上方

图 8-46　移动虚拟物体到后方

❺ 以此类推，进行右腿的循环动画。使用同样的方法对左腿进行动画设置，但有一点需要注意，为了模仿行走的动画，请将左、右腿的运动错开，如图 8-47 所示。

❻ 现在机器人的角色动画已经全部设置完成，可以为角色添加摄影机，图 8-48 是最终的渲染效果。也可打开本书配套素材文件夹中的 8-5-2.mov 文件进行浏览。

图 8-47 将左、右腿的运动错开

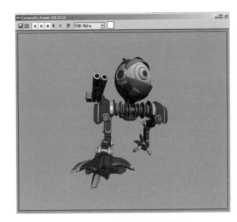

图 8-48 最终的渲染效果

8.6 思考与练习

1. 关键帧设置动画与轨迹视图设置动画各自有什么特点？

2. 如何综合运用关键帧动画和摄影机运动动画，制作更加丰富的运动效果？

3. 综合运用已掌握的建模技术，制作一个机器人，并使用本章所学技术使其运动起来。

09 渲染、环境和效果

本章提要

渲染设置

环境和效果设置

综合案例：海底世界

9.1 渲染

【渲染】指依据指定的材质、灯光，以及背景与大气等环境的设置，将场景中创建的几何实体显示出来，也就是将三维的场景转化为二维的图像，可为创建的三维场景拍摄照片或录制动画做准备。渲染器的好坏直接决定最后渲染图像品质的好坏。

3ds MAX 2018 中的环境可用于制作各种【背景】、【雾效】、【体积光】和【火焰】，但需要与其他功能配合使用。【背景】需要与【材质编辑器】配合使用，【雾效】与【摄影机】的范围相关，【体积光】与【灯光】的属性相连等。

9.1.1 渲染设置窗口的组成

在【主工具栏】中单击【渲染设置】按钮 或者使用键盘上的 F10 键可以打开【渲染设置】窗口，窗口中集中显示了各种渲染参数，图 9-1 是【渲染设置：默认扫描线渲染器】窗口，这是 3ds MAX 2018 在默认的【扫描线渲染器】下的渲染设置窗口。

图 9-1 【渲染设置：默认扫描线渲染器】窗口

【渲染设置】窗口包含 5 个选项卡，这些选项卡会根据指定的渲染器的不同而有所变化，每个选项卡中包含一个或多个卷展栏，可分别对各个渲染项目进行设置。以下主要介绍使用默认扫描线渲染器时【渲染设置】窗口中的设置。

1.【公用】选项卡

该选项卡中的参数适用于所有渲染器，且可以在此选项卡中进行指定渲染器的操作。它包含 4 个卷展栏，分别是【公用参数】、【电子邮件通知】、【脚本】和【指定渲染器】。每个卷展栏中的参数将在本章后面的内容中详细介绍。在【公用】选项卡的【指定渲染器】卷展栏中，可以进行渲染器的更换。

2.【渲染器】选项卡

用于指定渲染器的各项参数。根据指定渲染器的不同，该选项卡中可以分别对 3ds MAX 2018 的默认扫描线、mental ray、Quicksilver 或 iray 渲染器的各项参数进行设置。如果安装了其他渲染器，这里还可以对外挂渲染器的参数进行设置。对于 mental ray、Quicksilver 和 iray 渲染器的使用读者可参考其他学习资料，本章将对 3ds MAX 2018 的默认扫描线渲染器进行讲解。

3.【Render Elements】选项卡

可将场景中不同类型的元素渲染为单独的图像文件，以便在后期软件中合成。

4.【光线跟踪器】选项卡

用于光线跟踪的设置，包括是否应用抗锯齿，反射或折射的次数等。

5.【高级照明】选项卡

用于选择一个高级照明选项，并进行相关参数的设置。

9.1.2　输出设置

1. 输出范围

展开【渲染设置：默认扫描线渲染器】窗口【公用】选项卡中的【公用参数】卷展栏，其中的【时间输出】参数主要用于设置渲染的输出范围，如图 9-2 所示。

【单帧】：只对当前帧进行渲染，得到静态图像。

【活动时间段】：对当前活动的时间段进行渲染，当前时间段依据屏幕下方时间栏设置。

【范围】：手动设置渲染的范围，还可以指定为负数。

【帧】：指定单帧或时间段进行渲染，单帧用 "," 隔开，时间段用 "-" 连接，如 "1, 2, 5-12" 表示对第 1 帧、第 2 帧和第 5 到 12 帧进行渲染。

输出时间段时，该选项还可以控制间隔渲染的帧数和起始计数的帧号。

2. 输出分辨率

【公用参数】卷展栏中的【输出大小】参数主要用于设置渲染的输出分辨率。

【宽度】、【高度】：分别用于设置图像的宽度和高度，单位为像素。

【图像纵横比】：设置图像宽度和高度的比例。当

图 9-2　设置渲染的输出范围

宽度和高度指定后，它的值会依据"图像纵横比＝宽度／高度"自动计算出来。在【自定义】类型下，如果单击其右侧的【锁定】按钮，则会固定图像纵横比，这时对高度的调节会影响宽度。

除了【自定义】类型外，3ds MAX 2018 还提供了其他的固定尺寸类型，方便创作者使用，输出大小的类型如图 9-3 所示。选择固定尺寸的类型后，对应输出大小的尺寸如图 9-4 所示。

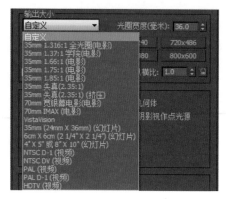

图 9-3　输出大小的类型

图 9-4　对应输出大小的尺寸

3. 渲染视图操作

在【公用参数】卷展栏的【要渲染的区域】中有一个决定渲染类型的下拉列表，它提供了 5 种不同的渲染类型，主要用于控制渲染图像的尺寸和内容，如图 9-5 所示。

图 9-5　5 种不同的渲染类型

【视图】：对当前激活视图的全部内容进行渲染，是默认的渲染类型。

【选定对象】：只对当前激活视图中选择的对象进行渲染。

【区域】：只对当前激活视图中所指定的区域进行渲染。选择这种类型时，会在渲染窗口和当前激活视图中同时出现调节框，两个调节框是同步更新的，用来调节要渲染的区域。调节好范围后，单击【渲染】按钮可以对此区域执行渲染。如果想退出调节框，只需要按 Esc 键或单击【编辑区域】按钮取消即可。这种渲染仍保留渲染设置的图像尺寸。

【裁剪】：只渲染选择的区域，并按区域面积进行裁剪，产生与框选区域等比例的图像。

【放大】：选择一个区域放大到当前的渲染尺寸进行渲染，与【区域】渲染方式类似，不同的是渲染后的图像尺寸，【区域】渲染相当于在原效果图上剪切一块进行渲染，尺寸不发生变化；【放大】渲染是将剪切的部分按当前渲染设置中的尺寸进行渲染，这种放大可以视为视野上的变化。其渲染图像的质量不会发生变化。

4. 开关选项

【公用参数】卷展栏中的【选项】参数用于开关选项的设置。

【大气】：对场景中的大气效果进行渲染，如【雾】、【体积光】等。

【效果】：对场景设置的特殊效果进行渲染，如【镜头效果】等。

【置换】：对场景中的置换贴图进行渲染计算。

【视频颜色检查】：检查视频中是否出现颜色超过 NTSC 或 PAL 标准阈值的图像，如果有，则需要进行标记或将其转化为允许的范围值。

【渲染为场】：当为电视创建动画时，需设定渲染到电视的扫描场，而不是帧。如果将来要输出到电视，必须考虑是否要开启此项，否则画面可能会出现抖动。

【强制双面】：如果将对象内、外表面都进渲染，会降低渲染速度，但能够避免因法线错误造成的不正确的表面渲染。如果发现有法线异常现象（如镂空面、闪烁面），最简单的解决方法就是开启此选项。

9.1.3 默认扫描线渲染器常用设置

【默认扫描线渲染器】卷展栏如图 9-6 所示，部分主要设置如下。

1. 抗锯齿

【抗锯齿】：抗锯齿功能可实现平滑渲染斜线或曲线上的锯齿边缘。测试渲染时，可以将其关闭，以加快渲染速度。

图 9-7 是过滤器的类型，主要介绍以下几类。

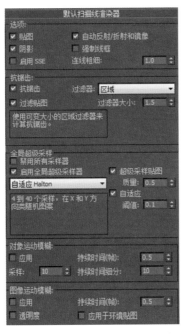

图 9-6 【默认扫描线渲染器】卷展栏

图 9-7 过滤器的类型

【区域】：使用尺寸变量区域过滤器计算抗锯齿，是默认的抗锯齿类型。

【立方体】：使用 25 像素过滤器锐化渲染输出对象，同时有明显的边缘增加效果。它的特点是在抗锯齿的同时使图像边缘锐化。

【Mitchell-Netravali】：在【环】和【各向异性】两种过滤器之间逆向交替模糊。

【视频】：25 像素的模糊过滤器，可以优化 PAL 和 NTSC 制式的视频软件。

2. 全局超级采样

启用此参数中的选项可以对全局采样进行控制，忽略各材质自身的采样设置。

【启用全局超级采样器】：勾选此复选框后，将对所有的材质应用相同的超级采样器。取消勾选后，将材质设置为使用全局设置，该全局设置将由【渲染设置】窗口中的选项控制。勾选此复选框后，可以在其下拉列表中选择全局超级采样器类型，如图 9-8 所示，比较常用的是【Max 2.5 星】，它是默认的全局超级采样器类型。它的原理是：像素中心的采样是对它周围的 4 个采样取平均值。

3. 运动模糊

对于运动模糊效果，默认扫描线渲染器提供了两种方式：【对象运动模糊】和【图像运动模糊】。运动模糊的参数设置如图 9-9 所示。在制作运动模糊效果时，首先要指定对象，在对象上单击右键，从弹出的快捷菜单中选择【对象属性】，在打开的【对象属性】窗口中设有运动模糊控制区域，默认为【无】，可以选择【对象运动模糊】或【图像运动模糊】两种方式之一。指定后，渲染设置框中相应的参数才会发生作用。

图 9-8　全局超级采样器类型

图 9-9　运动模糊的参数设置

【对象运动模糊】是对对象在一定帧数内的运动效果进行多次渲染取样，叠加在同一帧中，与重像的道理相同，它会在渲染的同时完成模糊计算。

【持续时间（帧）】：用于确定模糊虚影的持续长度，值越大，虚影越长，运动模糊越强烈。

【采样】：用于设置模糊虚影是由多少个对象的重复复制组合而成的，最大可以设置为 32，它往往与【持续时间细分】相关。如果它们的值相等，则会产生均匀浓密的虚影，这是最理想的设置。要获得最光滑的运动模糊效果，两个值应设置为 32，但这样会增加渲染时间。因此，一般会将值设置为 12，可以获得满意的效果。

【图像运动模糊】与【对象运动模糊】的作用相同，也是为了制作出对象快速移动时产生的模糊效果，只不过它是从渲染后的图像出发的，对图像进行虚化处理，模拟运动产生的模糊效果。这种方式在渲染速度上快于【对象运动模糊】，而且得到的效果也更加光滑和均匀。在使用时，先在对象属性中打开【图像】设置，才能使渲染设置中的参数生效。而【持续时间（帧）】用于设置运动产生的虚影长度，值越大，虚影越长，表现效果越夸张。勾选【应用于环境贴图】复选框后，当场景中设置了环境贴图，摄影机又发生旋转时，将会对整个环境贴图进行图像运动模糊处理，这常用于模拟高速运动的摄影机拍摄到的效果。

9.1.4　光能传递

1. 选择高级照明

单击【渲染设置：默认扫描线渲染器】窗口的【高级照明】选项卡，展开【选择高级照明】卷展栏，如图 9-10 所示，在下拉列表中选择【光能传递】选项，即可将当前的渲染引擎更改为【光能传递】方式。

【光能传递】是一种能够真实模拟光线在环境中相互作用的全局照明渲染技术，它能够重建自然光在场景对象表面上的作用，从而实现更为真实、精确的照明结果。

2. 光能传递处理参数

【高级照明】选项卡中的【光能传递处理参数】卷展栏如图 9-11 所示。

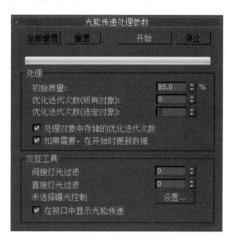

图 9-10 【选择高级照明】卷展栏　　图 9-11 【光能传递处理参数】卷展栏

【全部重置】：用于清除上次记录在光能传递控制器中的场景信息。

【开始】：单击后，进行光能传递求解。

【停止】：单击后，停止光能传递求解。也可按 Esc 键，停止光能传递求解。

【初始质量】：其所指的品质是能量分配的精确程度，而不是图像分辨率的质量。即使是设置了相当高的初始质量，仍可能出现明显的差异。提高初始质量不能明显提高场景的平均亮度，但能够降低场景内不同表面上的偏差。

【优化迭代次数（所有对象）】：设置整个场景执行优化迭代的程度，该选项可以提高场景中所有对象的光能传递品质。处理完优化迭代后，【初始质量】就不能再进行更改了，除非单击【重置】或【全部重置】按钮。

【直接灯光过滤】：通过向周围的元素均匀化直接照明级别来降低表面元素间的噪波数量。数值设置得过高，可能会造成场景细节的丢失，因此通常设置为 3 或 4 比较合适。由于【直接灯光过滤】命令是交互式的，因此可以实时地对结果进行调节。

3. 光能传递网格参数

3ds MAX 2018 进行光能传递计算的原理是将模型表面重新网格化，这种网格化的依据是光能在表面的分布情况，而不是在三维软件中产生的结构线划分。【高级照明】选项卡中的【光能传递网格参数】卷展栏如图 9-12 所示。

【使用自适应细分】：该选项用于启用和禁用自适应细分，默认设置为启用。

【最大网格大小】：指自适应细分后最大面的大小。

【最小网格大小】：指自适应细分后最小面的大小。

【初始网格大小】：改进面图形后，不对小于初始网格大小的面进行细分。

【投射直接光】：启用【使用自适应细分】或【投射直接光】后，根据其下选项的启用与否来分析计算场景中所有对象上的直射光。【投射直接光】默认设置为启用。

【在细分中包括点灯光】：控制投射直射光时是否使用点光源。如果禁用该选项，则在直接计算的顶点照明中不会包括点光源，默认设置为启用。

4. 渲染参数

【高级照明】选项卡中的【渲染参数】卷展栏如图 9-13 所示。

图 9-12 【光能传递网格参数】卷展栏

图 9-13 【渲染参数】卷展栏

【渲染直接照明】：首先渲染直接照明的阴影效果，然后添加光能传递求解的间接照明效果，这是光能传递默认的渲染方式。

9.2 环境和效果

9.2.1 环境控制

单击菜单【渲染 / 环境】按钮，或按 8 键，打开【环境和效果】窗口，选择【环境】选项卡，可以对场景中的环境进行设置，如图 9-14 所示。

1. 公用参数

在【公用参数】卷展栏的【背景】中，可对背景颜色和背景贴图进行控制。单击【颜色】下方的颜色块，在打开的对话框中可以选择背景颜色。单击【环境贴图】下方的【无】按钮，可进行贴图的选择和控制。【使用贴图】复选框可确定是否应用贴图。

在【公用参数】卷展栏的【全局照明】中，可控制环境光。环境光不同于普通灯光，它可以对整个环境进行光线控制，而不是仅仅对一盏灯或者一部分进行光线控制。

图 9-14 环境设置

【染色】：控制环境光的颜色。

【级别】：控制环境光的亮度。

【环境光】：控制环境光中暗部的亮度。

2. 曝光控制

限制渲染图像精度的一个因素是计算机监视器的动态范围。动态范围是指监视器可以产生的最高亮度和最低亮度之间的比。曝光控制会对监视器受限的动态范围进行补偿。对灯光亮度值进行转换，会影响渲染图像和视图显示的亮度和对比度，但它不会对场景中实际的灯光参数产生影响，只是将这些灯光的亮度值转换到一个正确的显示范围内。

【曝光控制】用于调整渲染的输出级别和颜色范围，类似于电影的曝光处理，它尤其适用于【光能传递】。

3ds Max 输出图像通常支持的颜色范围值是 0 ～ 255。曝光控制的任务是把不符合此范围的颜色值降低到输出格式支持的范围内。对标准类型的灯光照明不是必要的，但对于光度学灯光和光能传递照明是强制处理的。

【曝光控制】卷展栏的曝光控制方式如图 9-15 所示。

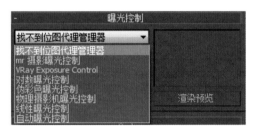

图 9-15　曝光控制方式

3. 大气

单击【大气】卷展栏的【添加】按钮可以选择创建火效果、雾、体积雾、体积光大气效果。如果安装了 VRay 渲染器还可获得更多的大气效果。在选择了某一效果后，便可激活相应的卷展栏，对大气效果进行控制。

【火效果】：可以产生类似于火焰燃烧时的大气效果。

【雾】：可以产生雾的效果和部分大气雾的效果。从而使对象、物体、背景等都变得更加朦胧。

【体积雾】：可以在场景的部分地方产生雾的效果，更好地产生局部的雾气、烟、云等效果。

【体积光】：可以模拟灯光穿过固体、液体颗粒（如浓烟、浓雾）时的光束效果。通过对场景中灯光的处理，使得光束可见。

9.2.2　渲染效果

单击菜单【渲染 / 效果】按钮，可打开【环境和效果】窗口，选择【效果】选项卡，可以对场景中的效果进行设置，如图 9-16 所示。单击【效果】卷展栏中的【添加】按钮，可以选择场景中的渲染效果，如图 9-17 所示。部分常用效果如下。

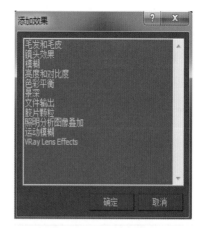

图 9-16　效果设置　　　　　　　　　　　　图 9-17　添加效果

【镜头效果】：用来模拟摄影机镜头产生的一些光学效果。

【模糊】：对渲染图像进行模糊处理，产生类似于模糊滤镜的效果。

【亮度和对比度】：可以改变场景的亮度和对比度，使场景的渲染结果与背景更好匹配。

【色彩平衡】：可以调整图像的颜色平衡。

【胶片颗粒】：在渲染场景中随机增加一些杂色，以模拟年代久远的胶片上产生的颗粒效果。

【景深】：用来模拟生活中摄影机的景深效果。

9.3　海底世界

本节综合运用多种技术创建海底世界，尤其是使用了渲染和环境特效呈现真实的海底世界效果，案例的基本操作可扫描二维码观看。更多相关内容的教学视频可扫描封底二维码下载学习。

9.3.1　创建海底

❶ 在顶视图中创建一个【平面】，并命名为 Ground。

❷ 为其添加一个【编辑网格】修改器，然后进入【面】子物体级，选中整个 Ground 的所有表面，可见整个物体变成红色。

❸ 在【修改】命令面板的【编辑几何体】卷展栏中单击【细化】按钮，可见 Ground 上的面数增加了。物体的表面在发生变形时变得更加平滑、柔和。再次单击【细化】按钮，可见 Ground 物体的面数更加多了。

❹ 为整个 Ground 添加【噪波】修改器，调整其参数，使其形状像海底即可。

❺ 打开材质编辑器，选择一个样本球，为 Ground 制作材质。这里只要在【漫反射颜色】通道用【位图】贴图方式，选择一幅海底细沙的贴图即可。

9.3.2　创建海水效果

设置海底的环境指通过着色的环境设置来模拟海底的颜色，构造一种水下氛围。一般可采用设置【雾】效果的办法来实现。

❶ 单击菜单【渲染 / 环境】命令，打开【环境和效果】窗口，单击【大气】卷展栏中的【添加】按钮，打开【添加大气效果】对话框，在列表中选择【雾】选项，然后单击【确定】按钮。

❷ 此时窗口中会增加【雾参数】卷展栏。单击【颜色】下方的颜色块，在弹出的对话框中将 RGB 值调为海水颜色，设置【雾参数】卷展栏的参数如图 9-18 所示。

❸ 渲染场景，观察设置后的雾效果，如图 9-19 所示。

图 9-18　设置【雾参数】卷展栏的参数　　　　图 9-19　设置后的雾效果

9.3.3　创建气泡效果

❶ 在视图中创建一个【球体】，设置半径为 1。打开材质编辑器，设置材质参数如图 9-20 所示。

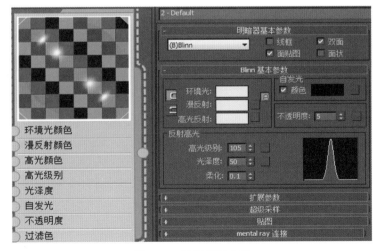

图 9-20　设置材质参数

❷ 在【创建】命令面板中，单击【几何体】按钮，选择【粒子系统】，再单击【粒子云】按钮，建立一个粒子云发射源，【基本参数】卷展栏参数设置如图 9-21 所示。

❸ 选择球体物体作为发射粒子，返回到四视窗，将发射源旋转，以便使气泡在场景中以适当方式上升。发射源应面向 y 轴上方。设置后，可看到气泡在摄影机前从海底的沙子中直接上升。

❹ 选择发射源，在其【修改】命令面板的【粒子生成】卷展栏中单击【使用总数】单选按钮，设置它的值为 425。单击【参考对象】单选按钮，再单击【拾取对象】按钮，在视图中选择球体。将【变化】设置为 100。【粒子生成】卷展栏参数设置如图 9-22 所示，以创建长时间存在的气泡。

图 9-21　【基本参数】卷展栏参数设置　　　图 9-22　【粒子生成】卷展栏参数设置

❺ 将新的材质分配给气泡粒子系统。渲染场景，海水气泡效果如图 9-23 所示。

图 9-23　海水气泡

9.3.4　创建浮游生物

❶ 在【创建】命令面板中，单击【几何体】按钮，选择【粒子系统】，再单击【喷射】按钮。

❷ 在视图中使用【旋转】工具设置【喷射】发射源，使其发射的粒子方向为浮游生物游动的方向。在摄影机视图中，粒子发射的方向沿对角线方向指向右侧，【喷射】发射源参数设置如图 9-24 所示。

❸ 在【喷射】发射源上单击右键，选择【对象属性】，打开【对象属性】对话框，取消勾选发射源的【投射阴影】和【接收阴影】复选框，并单击【确定】按钮，如图 9-25 所示。设置后，可避免渲染时粒子在 Ground 网格体上不匀称地投射阴影。

图 9-24　【喷射】发射源参数设置

图 9-25　参数设置

❹ 现在为其创建一个简单的材质。材质类型为【标准】，在【明暗器基本参数】卷展栏中单击【双面】和【面贴图】复选框，参数设置如图 9-26 所示。其【漫反射颜色】通道使用了细胞贴图，细胞贴图参数设置如图 9-27 所示。并在【细胞颜色】上使用了凹痕贴图，凹痕贴图参数设置如图 9-28 所示。

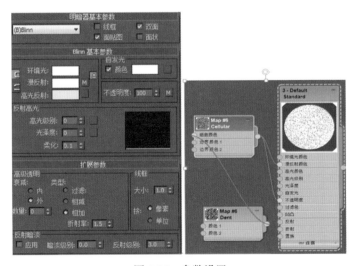

图 9-26　参数设置

图 9-27　细胞贴图参数设置　　　　图 9-28　凹痕贴图参数设置

❺ 将【漫反射颜色】通道的贴图再连接到【不透明度】通道中，如图 9-26 所示。将该材质分配给浮游生物发射源即可。

9.3.5　创建水焦散图案

❶ 在前视图中创建一盏【目标聚光灯】（Spot01），使光线垂直照射到 Ground 上。在其【修改】命令面板中设置参数如图 9-29 所示。

❷ 选择刚才创建的灯光，在其【修改】命令面板中找到【高级效果】卷展栏，勾选【投影贴图】中的【贴图】复选框，此时其右侧的按钮显示【无】，如图 9-30 所示。打开材质编辑器，制作一个标准材质，其【漫反射颜色】通道为【噪波】贴图，【噪波】贴图的参数如图 9-31 所示。将【噪波】贴图的输出端拖至灯光【投影贴图】中的【无】按钮上，如图 9-32 所示。

图 9-29　【目标聚光灯】参数　　图 9-30　投影贴图设置

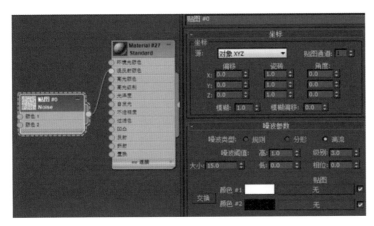 

图 9-31　【噪波】贴图的参数　　　　　　　图 9-32　投影贴图

❸ 为了使效果更加逼真，可继续设置动画。先设置动画的总长度为 300 帧。单击【自动关键点】按钮，拖动时间滑块到第 300 帧。

❹ 返回材质编辑器，对灯光材质设置动画。将【坐标】卷展栏【偏移】中的【Z】设置为 10，这时在数字右侧微调按钮周围会出现红色的边框。再次单击【自动关键帧】按钮，关闭动画的录制。

❺ 这样，在 Ground 上就创建了逼真的水焦散图案，如图 9-33 所示。

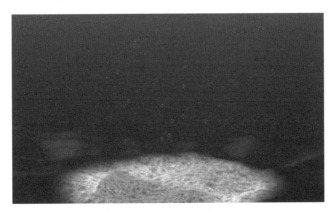

图 9-33　逼真的水焦散图案

9.3.6　创建立体光线

❶ 按住 Shift 键，并沿 y 轴垂直向上拖动目标聚光灯 Spot01，创建原始 Spot01 光源的复制光源 Spot02。在 Sopt02 的【修改】命令面板中，设置参数如图 9-34 所示。

❷ 单击菜单【渲染/环境】按钮，打开【环境和效果】窗口，在【大气】卷展栏中，单击【添加】按钮，在打开的对话框中选择【雾】，添加一个雾效果，参数设置如图 9-35 所示。

❸ 再次在【大气】卷展栏中，单击【添加】按钮，在打开的对话框中选择【体积光】，添加一个体积光效果。在【体积光参数】卷展栏中，单击【拾取灯光】按钮，选择 Spot02，参数设置可参考图 9-36，也可根据需要进行调整。渲染场景，即可看到一束照射到海底的光束。

图 9-34　设置参数

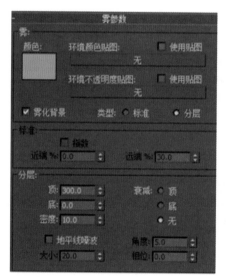

图 9-35　参数设置

图 9-36　参数设置

9.3.7　添加海豚动画

❶ 使用【文件／导入／合并】菜单命令将本书配套素材文件夹中的 9-3-1.max 海豚文件并入前面创建的场景中。

❷ 现在设置海豚动画。先单击【自动关键点】按钮，拖动时间滑块到第 300 帧，使用【旋转】工具将海豚旋转 360 度，再关闭【自动关键点】。播放动画，就会看到海豚在旋转翻身。

❸ 可为海豚添加一个【弯曲】修改，【弯曲轴】为 x 轴，调整【角度】值，使海豚的身体

弯曲。先单击【自动关键点】按钮，时间滑块在第 0 帧，设置【角度】值，再移动时间滑块到第 100 帧，设置另一个【角度】值，以此类推，根据需求设置几个关键帧，最后关闭【自动关键点】。播放动画，再调整不合适的地方。

❹ 使用【线】创建一条海豚运动的路线。

❺ 选择海豚，进入【运动】命令面板，在【指定控制器】卷展栏中单击【位置：路径约束】，再单击■按钮，在打开的对话框中选择【路径约束】，为其指定位置控制器，如图 9-37 所示，单击【确定】按钮。

❻ 在打开的卷展栏中，单击【添加路径】按钮，然后在视图中单击新创建的海豚的运动路线。然后在【路径参数】卷展栏中勾选【跟随】和【倾斜】复选框，可使海豚沿路线运动，并合理地进行旋转和翻身，如图 9-38 所示。

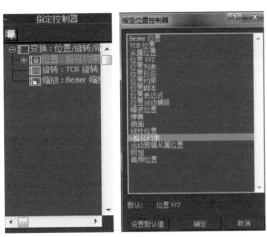

图 9-37　指定位置控制器　　　　　图 9-38　路径参数

9.3.8　配音合成

在使用 3ds MAX 2018 制作动画的过程中，为动画加上背景音乐和画外解说，可使动画增色不少。如果计算机上装有声卡，就可以任意添加一个 .wav 文件来播放声音，即使没有声卡也可以使用【节拍器】，通过计算机喇叭播放有节奏的背景声音。以下分别介绍这两种添加声音的方法。

1. 使用节拍器

❶ 选择主菜单的【图形编辑器 / 轨迹视图 - 摄影表】命令，打开【轨迹视图 - 摄影表】窗口。

❷ 单击窗口左侧【声音】项旁边的＋，这样即可打开声音轨迹，此时节拍器由一些黑点组成，且为非活动状态。

❸ 移动光标到轨迹窗右侧滚动条的最上面，光标会变成一个纵向的双箭头，这时向下拖动鼠标，轨迹窗口就被分成了两部分。这两个窗口互相独立，对其中任何一个操作都不会影响另外一个。

❹ 单击左侧窗口的对象项，选择要配音的动画中出现的物体名称，此例中是海豚物体的

名称。然后可显示出海豚的【变换】。

❺ 可以看到刚才生成的两个窗口，其中一个显示声音轨迹，另一个显示海豚变换的轨迹，如图 9-39 所示。

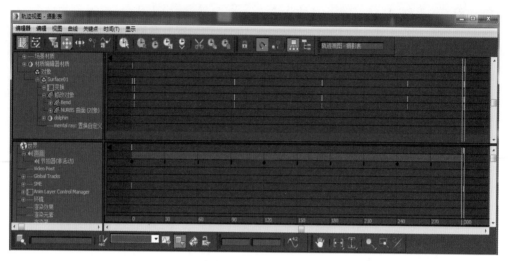

图 9-39　轨迹窗口

❻ 右键单击声音轨迹窗口，打开【声音选项】对话框，如图 9-40 所示。调整其中【每分钟节拍数】后会发现轨迹窗口中黑点的间距在变化，【每单位节拍数】为每次击打的频率。将上述两项设定好后，单击【活动】复选框，再单击【确定】按钮，使节拍器起作用。

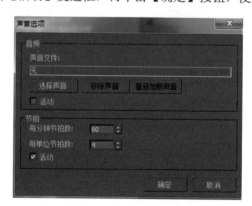

图 9-40　【声音选项】对话框

❼ 单击屏幕下方的【播放动画】按钮，伴随着动画，从计算机的扬声器中会出现有节奏的声音。

2. 使用 .wav 文件

❶ 右键单击声音轨迹窗口，打开【声音选项】对话框。

❷ 确保【节拍】中的【活动】复选框不被选中，使节拍器不再起作用。

❸ 单击【选择声音】按钮，再打开的对话框中选择添加一个 .wav 文件，也可以在其他目录下选择一个事先录制好的 .wav 文件。

❹ 选择文件后，屏幕上会自动出现一个播放按钮，单击按钮可以试听声音，如果满意，

单击【确定】按钮确认选择声音，对话框中的【活动】复选框将自动被选中并激活。

⑤ 关闭对话框后，在声音轨迹上会出现一个蓝色和一个红色的波形。其中蓝色的波形代表右声道，红色的波形代表左声道。淡蓝色部分代表声音文件的实际长度，深蓝色部分代表声音重复的区域。

⑥ 单击屏幕下方的【播放动画】按钮，使声音和动画一起播放。

9.3.9 使声音与动画同步

由于背景声音是不断重复播放的，因此声音的节奏与动画播放的速度可能不同步。可以通过以下方法实现"声像同步"。

① 单击【捕捉帧】按钮 ，将该方式关闭。

② 将声音轨迹窗口中的范围条向左拖动，使波形的第 1 音拍与动画的第 0 帧对齐。

③ 在动画轨迹窗口中将变换范围条的右端点适当拖动，使其与第 2 个音拍的开始部分对齐。

④ 播放动画，发现声音与动画配合较好。图 9-41 是动画中的两帧。

图 9-41　动画中的两帧

另外，由于动画循环的规律性，使得循环播放的动画与声音的同步播放可能产生一定的延迟和误差，这只能通过不断重复上述第 3 步和第 4 步来改善。

9.4　思考与练习

1. 使用多种渲染方式对前面章节制作的场景进行环境设置和渲染。

2. 制作壁炉和火焰的渲染效果。

3. 利用所学知识与提供的图片素材完成下列场景模型的制作，并对场景中的材质、灯光及环境进行合理的设计。

（1）静物模型。

（2）室内一角。

（3）室外场景。